河南省重大科技专项
——冷鲜肉生产关键技术研究与应用（161100110600）资助

# 猪肉冷却和储藏
# 关键技术

康壮丽　赵圣明　马汉军　著

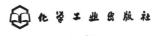

化学工业出版社

·北京·

本书介绍了不同冷却方法和储藏温度的条件下，冷却猪肉色泽、保水性、嫩度等品质及流变性、质构等加工性能的变化，得到了合理的冷却方法和储藏温度，为提高冷却肉的品质提供了理论支持。

本书适合从事肉制品加工的科研技术人员及食品企业管理人员阅读，也可作为高等院校食品科学相关专业师生的参考书。

**图书在版编目（CIP）数据**

猪肉冷却和储藏关键技术/康壮丽，赵圣明，马汉军著. —北京：化学工业出版社，2019.10
ISBN 978-7-122-34997-2

Ⅰ.①猪… Ⅱ.①康…②赵…③马… Ⅲ.①猪肉-食品冷藏 Ⅳ.①S879.2

中国版本图书馆 CIP 数据核字（2019）第 166297 号

---

责任编辑：彭爱铭　　　　　　　　装帧设计：关　飞
责任校对：宋　玮

出版发行：化学工业出版社
　　　　　（北京市东城区青年湖南街 13 号　邮政编码 100011）
印　　装：北京虎彩文化传播有限公司
850mm×1168mm　1/32　印张 3¼　字数 67 千字
2019 年 10 月北京第 1 版第 1 次印刷

购书咨询：010-64518888　　　　　售后服务：010-64518899
网　　址：http：//www.cip.com.cn
凡购买本书，如有缺损质量问题，本社销售中心负责调换。

---

定　价：60.00 元

# 前 言

　　猪肉是我国居民的主要肉食品来源，目前在市场上出现的生鲜猪肉主要包括 3 类：热鲜肉、冷冻肉和冷却肉。冷却肉，是指通过检验检疫合格后的猪肉胴体在 24h 内迅速降为 0～4℃，并在后续的加工到销售过程中始终保持在这个温度范围内的鲜肉。冷却肉经过僵直、解僵和成熟过程，肉质细嫩、多汁、鲜美，而且能延长肉的保藏期限。冷却肉经历成熟阶段，肌原纤维小片段化，肉的嫩度增加，肉质改善。由于冷却肉始终处于低温下，大部分微生物的生长被抑制，因此，冷却肉由于安全性以及营养性均优于其他两种肉而受到广大消费者的喜爱，是目前鲜食肉中最为理想的种类。随着人民生活水平和营养、安全意识的提高，我国肉类消费从结构上发生了明显的改变，冷却肉逐渐成为肉类生产与消费的方向。但由于冷却肉需要完善的冷链为保障，且货架期短，限制了冷却肉在一些边远地区的销售，如何在保持和提高冷却肉品质和安全性的基础上有效延长货架期，是目前肉品行业急需解决的问题。

　　本书由河南科技学院康壮丽、赵圣明、马汉军著，在出版过程中得到河南省重大科技专项——冷鲜肉生产关键技术研究与应用（161100110600）资助，同时得到河南科技学院食品学院胡胜杰、朱东阳、王春彦、鲁飞、魏里朋、张雪花等同学的大力帮助和支持，在此表示衷心感谢。

本书结合科研实践和工作经验，内容全面具体，条理清晰，有很强的应用性。本书可以作为肉制品深加工企业科研人员、生产管理人员的参考用书，也可作为高等院校食品科学专业教师及学生的参考书。

由于肉制品加工技术的快速发展，限于作者的专业水平，加上时间相对仓促，书中不足之处在所难免，恳请各位读者批评指正。

康壮丽

2019 年 5 月于新乡

# 目　录

# 第一章

# 冷却肉研究现状

　　猪肉是我国居民的主要肉食品来源，目前市场上加工和销售的生鲜猪肉主要有热鲜肉、冷冻肉和冷却肉 3 种。随着人民生活水平和营养、安全意识的提高，我国肉类消费发生了明显的结构性变化，冷却肉的生产呈现出强劲的发展势头，逐渐成为肉类生产与消费的方向。据统计，在北京、上海等一线城市，以双汇、雨润、金锣等知名品牌为代表的冷却肉，已占到生鲜猪肉消费 30% 左右的市场份额，在杭州市区小范围内已达到 60%～70%。可见冷却肉作为新型肉类品种，已展示出良好的市场前景。冷却肉的生产对环境温度和工作场所卫生条件要求非常严格，屠宰加工企业需要达到 HACCP（即危害分析与关键控制点）的管理水平，如胴体冷却后细菌数必须控制在 $10^3$～$10^4$ 个/$cm^2$，如超过 $10^4$ 个/$cm^2$，细菌在分割、运输、储藏环节中就会繁殖很快，分割需要在 10～12℃ 的温度下进行；屠宰放血时要求一头猪一把刀，以免交叉感染；烫毛水要求 60℃ 左右，并且要勤换，有条件的最好用蒸汽烫毛；等等。

但由于冷却肉需要完善的冷链为保障，且货架期短，限制了冷却肉在一些边远地区的销售，如何在保持和提高冷却肉品质和安全性的基础上有效延长货架期，是目前肉品行业急需解决的问题。

## 第一节
## 影响冷却肉品质的因素

影响冷却肉品质的因素很多，如品种、屠宰方式、冷却方式等。

## 一、品种

关于肉类缺陷的问题是许多研究的主题。不同因素的组合，包括内在因素（如遗传）和外在因素（如生产和加工）都可以影响肉质。

对于肉类行业来说，在生产高质量的肉制品时，一般都要考虑遗传因素。在一些地区，传统的腌肉只使用特定猪种的肉，比如传统西班牙伊比利亚火腿的生产只使用伊比利亚猪或当地黑种猪的肉[1]。

遗传因素对冷却肉的影响包括几个方面，其中包括不同品种间以及同一品种不同动物之间的差异。相同部位的肌肉，不同品种品质不同，品种对肌纤维类型有显著影响[2]。肌原纤维组成对猪的品质、性状有一定的影响，在不同的品种间存在差异[3]。在韩国，本地猪品种生长速度缓慢，胴体重量较轻，肉色较红，与商业猪（如长白猪）相比，红肉的肌内脂肪含量较高，是韩国市场上需求量最大的肉类之一。Park[4]研究表明韩国本土猪的肌球蛋白含量、脂肪含量比长白猪高，滴水损失比长白猪低。李侠[5]等人的研究发现，三门峡黑猪肌肉中氧合肌红蛋白含量高于杜长大三元杂交猪。不同品种肌肉的糖酵解速度和程度不一样，表现在肌肉产生乳酸并积累从而导致pH下降的速率和程度上。通常猪肉在正常储存过程中，背最长肌pH从7.0下降到5.3～5.8，这可能是肌肉所存储的糖原减少造成的。不同猪肉糖原含量的多少以及乳酸含量积累的程度和肉品质关系可能跟肌肉是否携带了氟烷基因有关[6,7]。

猪肉的品质可能是多基因作用的结果，*Halothane* 基因和 *RN* 基因是影响猪肉品质最强烈的基因，它们通过乳酸的快速积累造成蛋白质变性，进而影响猪肉的保水性和色泽，直接造成 PSE（Pale，Soft and Exudative）肉的产生[8]。屠宰之后，不同品种的猪的应激反应不同，猪对应激反应敏感会引发 PSE 肉，PSE 肉是由于宰后早期高温、低 pH 值引发的蛋白质过度变性造成的[9]。有报道指出，某些品种比如皮特兰，或者一些品种比如长白某些品系产生 PSE 肉比例很大，肥胖程度高的猪对应激因素的敏感性增加，增加死亡率和产生 PSE 肉的倾向，还有肌浆网钙通道 ryanodine 受体基因错误导致应激易感性增加，干扰肌原纤维周围空间钙离子的释放和结合，从而影响肌肉收缩动力学[10]。有研究表明[11]，劣质肉只有 4% 是由于遗传因素造成的，其他情况可能是由于宰前和宰后处理不当造成的。

## 二、屠宰方式

随着人们对食品安全的日益关注，猪屠宰和加工过程中问题逐渐受到关注。屠宰加工是家畜养殖到人类消费的一个不可或缺的环节，但是在这个环节中会出现很多关键技术问题，比如肉品质量安全、消费安全。如果家畜屠宰不当，会出现一些影响原料肉品质的问题，比如蒸煮损失增加，PSE 肉和 DFD（Dark，Firm and Dry）肉等劣质肉的发生率高，并增加屠宰过程中的消耗，造成企业巨大的经济损失。目前，针对不同屠宰工艺和宰后处理方式对猪肉品质的影响，国内外进行了大量的研究。屠宰的方法取决于动物的大小、种类、适用的法律法规以及肉制品行业的要求，并应确保人道对待动物。在国内外，有 3 种屠宰的方法，分别是传统屠宰、电击晕屠宰和 $CO_2$ 致晕屠宰。

## 1. 传统屠宰

传统屠宰是采用机械致晕的方式，用比较尖锐的设备刺入猪的颈动脉。由于猪屠宰前受到强大的刺激，肉质会过于紧绷，食用起来口感较差。但是常规屠宰利用尖锐设备将猪血排空，可以提升猪肉的防腐能力。常规屠宰方式生产的冷却肉是 PSE 肉的概率极大，现今只有一些偏远山区还在采用此种屠宰方式[12]。

## 2. 电击晕屠宰

电击晕屠宰方式是现在国际上最流行的屠宰方式，也是比较符合人道主义的屠宰方式，电击会造成猪体表的压力，并且死后会加速糖酵解，导致 pH 值迅速下降[13,14]。一般来说，头部电击晕会引起猪出现痉挛收缩，增加宰后猪肉糖酵解反应的速率。头尾麻电致晕会造成心脏立即停止，对屠宰人员来说，此电晕方式比较安全，并且对猪的伤害较小[15]，但是过多的电击会导致脊椎损伤，较短的电击时间可以减少猪肉所受的伤害[16,17]。使用头胸麻电是最人性化的电晕方式，在这种情况下，电脉冲导致心室颤动，导致立即停止血液流通[18]。昏迷的动物很少在流血之前恢复意识。并且有研究报告指出，通过人为宰前电击晕和宰后电刺激方法可以有效改善肉品质特性[19]。

采用电击晕，不同的放置方式也会造成肌肉品质的改变。陈赞谋[20]研究发现，电击致晕和悬挂放血，蒸煮损失增加，会产生肌肉收缩，增加 PSE 肉的发生率。

### 3. $CO_2$ 致晕屠宰

在国外，有两种合法的方法可以使猪在进行商业屠宰前失去知觉，一种是用电，另一种是 $CO_2$。由于 $CO_2$ 昏迷对动物的要求较低，因此它在很多国家都很流行。

有研究表明，$CO_2$ 致晕使猪的应激较小，猪肉品质较好。$CO_2$ 致晕能显著减少 PSE 肉的发生率[21]，提高猪肉的质量。用二氧化碳熏晕猪对肉质有改善，有研究表明，与电休克的猪相比，二氧化碳休克能减少与惊厥运动相关的瘀伤和骨折的发生率，在二氧化碳的作用下昏迷后，猪保持静止至少 60s，从而增加了饲养人员的安全。

不同的 $CO_2$ 浓度致晕，所产生的效果也不同。高浓度的 $CO_2$（超过 80%）增强了致晕的效力，有助于降低 pH 值。92% 的 $CO_2$ 和 88% $CO_2$ 相比，pH 更低，肉的颜色更深[22]。Nowak 基于反映死前应激水平的血液乳酸含量，评估了不同浓度的 $CO_2$ 和暴露时间对猪昏迷的影响，与 80% 的 $CO_2$ 相比，气体混合物中 90% 的 $CO_2$ 的使用导致了更低水平的乳酸盐[23]。研究还发现，将暴露时间从 70s 延长到 100s 可以减少血液中的乳酸含量[24]。

除了用二氧化碳致晕，国外还采用其他气体使猪致晕，Raj[25]等人的研究中，90%的氩气可用于晕猪。与80%和90%的二氧化碳相比，氩气引起的抽搐持续时间更长。

# 三、冷却方式

## 1. 常规冷却

传统冷却方式是指将宰后猪肉胴体放置在0～4℃的冷库中冷却，并完成排酸过程。常规冷却方式与其他冷却方式相比，汁液流失严重。此冷却方式耗能也比较大，增加了企业生产成本，并且容易导致冷收缩的发生[26]。目前，屠宰加工厂对于宰后胴体的冷却参数设定以防止冷收缩。Troy等研究发现，宰后胴体在12h内中心温度如在12℃以上可以防止冷收缩[27]。但是预防冷收缩的冷却方法有一定的局限性。国外有研究报道，在15～20℃环境下放置，肌肉收缩量大大减少。但是，长时间放置在这种高温环境下，宰后胴体会滋生微生物[28]。因此，根据宰后胴体的质量和剔骨、悬挂方式选择合适的冷却方法，才能保证肌肉食用安全和品质[29,30]。

## 2. 快速冷却

快速冷却是指将刚屠宰的胴体放置在−25～−18℃冷库储藏一段时间，当胴体温度降至一定的范围内，再放置在0～4℃冷库储藏至24h。有研究发现，快速冷却能明显改善肌肉的持水力，减慢猪肉pH的下降速率，提高红度值和总蛋白的溶解性，并能改善猪肉的嫩度[31]。快速冷却技术源于各国对冷却肉的安全考虑，在国外，宰后24h内牛和羊冷却肉的中心温度必须低于7℃，有研究表明快速冷却在迅速降低胴体中心温度的同时，也能降低冷收缩的程度，并能提高宰后肌肉的嫩度，对冷却肉产品的感官评定有很大的提高[32]。Watt[33]研究表明，快速冷却可以使羊肉在运输过程中亮度值升高，提高其嫩度。Aalhus等[34]研究发现，电刺激辅助快速冷却，可以显著提高冷却肉的嫩度和保水性。

工厂屠宰工艺不当就会出现PSE劣质肉，PSE肉的特征是色泽较亮，肉质较软，易出水。快速冷却能有效地降低PSE肉的发生率。有研究表明在宰后2～3h内将胴体温度降到20～25℃，可以有效地降低PSE的发生率[35]。Kerth发现快速冷却技术能显著降低带有氟烷基因的猪出现PSE肉的发生率[36]。陈韬[37]研究发现，经过快速冷却之后，宰后1h和2h变化不同，宰后1h，快速冷却能提高猪肉的保水性，宰后2h快速冷却降低了猪肉的保水性。也有一些研究发现快速冷却对刚屠宰的肌肉持水力没有显著作用，比如刘念[38]研究发现，快速冷却方式可以显著降低猪肉的储藏损失，但对离心损失和蒸煮损失没有显著性变化。

### 3. 延迟冷却

延迟冷却是指将刚屠宰的猪肉胴体先放置在常温下一段时间，使温度自然缓慢降低，之后再放入冷库冷却，但是这种冷却方式由于前期猪肉胴体暴露在高温下，会引起微生物的生长，对产品质量不利。研究发现延迟冷却处理嫩度显著高于常规冷却处理[39]；但是也有研究对延迟冷却持不同的研究结果，比如宰后肌肉胴体延迟冷却和普通冷却作对比发现，两种冷却工艺对肌肉胴体的嫩度没有显著性影响[40]。有学者研究应用延迟冷却方式，即将胴体放置于室外冷却或 15～20℃环境一段时间，随后转入 0～4℃常规的冷却间。通过延迟冷却牛胴体或肌肉，可有效预防肌肉冷收缩的发生，最终改善肉的嫩度[41]。延迟冷却方式或僵直期间较高的温度容易引起肌肉发生热收缩，从而降低肉的保水性和肉的嫩度[42]。

### 4. 喷淋冷却

屠宰加工中，传统冷却方式由于温度较高造成胴体表明水分蒸发，使质量造成严重损失，为了显著降低胴体失重和保证肉品安全，喷淋冷却被广泛应用于国外的肉类加工企业中[43]。喷淋冷却是指在宰后 1～3h，不断地向肌肉胴体喷洒冷水的冷却方式。家畜屠宰后，肌肉由于水分蒸发损失和汁液流失，造成冷收缩，产生巨大的经济损失。保持较低的储藏温度，减少空气流速以及较高的环境湿度能够减缓冷收缩的程度。研究发现羊屠宰后肌肉胴体更易发生冷收缩，通过喷淋可以降低胴体冷却期间的蒸发损失，从而缓解冷收缩的程度[44]。Prado[45]等研究报道了喷淋冷却方式和传统冷却方式，结果发现喷淋冷却方式可以大大减少胴体损失，显著低于传统冷却方式。但是经过喷淋冷却方式处理的牛肉，在成熟过程中冷藏损失增加了。

### 5. 逐步冷却方法

逐步冷却方式又称多段式冷却，是指先将胴体温度快速冷却到 10～15℃，并保持 6～8h，最后转入 0～4℃冷却至 24h。Rosenvold 等人[46]探究出一种逐级冷却方式，研究发现 6h 内将肌肉胴体快速冷却至 10℃或 15℃，然后快速冷却至 4℃储藏，这种冷却方法不仅可以显著降低冷缩率，提高猪肉嫩度和保水性，而且可以抑制产品表面的微生物生长。另外，

Therkildsen[47]等研究了利用盆骨吊挂并进行逐步冷却方式，可以加快猪肉成熟和提高猪肉的嫩度。Liu[48]等研究了中国黄牛的逐步冷却工序，先快速冷却 2h，使牛肉胴体在 12～18℃条件下进入僵直期，然后转置 0～2℃到宰后48h，结果表明，逐步冷却方式可以有效改善黄牛肉嫩度，缩短成熟时间。并且僵直前期 12～18℃温度控制的逐步冷却程序结合盆骨吊挂技术，能更好地保证肉品品质。

## 第二节
## 存在问题

　　冷却肉的储藏和运输过程关系到生产企业的效益和冷却肉的品质。由于对温度要求严格，冷却肉的销售半径一般在 200km 以内，这就限制了冷却肉的生产和发展。储运温度是控制冷却肉品质的关键点，温度不稳定易导致肉品品质低，货架期较短，颜色稳定性差，汁液流失严重等问题。具体而言，目前冷却肉因温度变化造成的质量安全问题有以下 3 个方面。

　　（1）货架期较短　影响冷却肉货架期和生物安全性的最主要因素是对腐败微生物的有效控制。由于冷却肉所处的冷链温度范围微生物的新陈代谢不能够完全被抑制，有些嗜冷菌仍会生长繁殖，导致冷却肉变质；若加工环节（屠宰、分割）和后续流通环节（运输、销售）的温度控制不当，一部分腐败微生物将恢复生长繁殖，最终导致肉品货架期缩短，食用品质和食用安全性下降。

　　（2）表面色泽褐变　通常，冷却肉在销售过程中可能会呈现出三种颜色，即鲜红色、暗红色和褐色。色泽褐变是指冷却肉由原来的鲜红色变为褐色的过程。褐变过程是肌肉中的肌红蛋白和氧气发生反应，短时间内肉发生褐变，其可食性和安全性并没有降低，但感官品质下降。消费者往往直觉性地将肉的色泽和肉的品质联系起来，肉发生褐变后将严重影响肉品消费者的购买欲望，直接影响到冷却肉的销售。

（3）汁液流失　冷却肉在储藏、运输过程中存在较为严重的汁液流失现象。汁液流失直接造成冷却肉水分含量下降，营养成分严重流失，食用品质和营养下降，色泽变暗或无光泽，商品价值下降。

冷却肉存在的货架期较短、颜色稳定性差、汁液流失严重等问题限制了冷却肉的发展，因此，研究储藏温度和温度波动对冷却肉品质的影响，结合 HACCP 体系，建立一套适用于冷却猪肉储运的关键技术和控制体系并解决储运中存在的安全问题和品质问题，是冷却肉加工行业亟待解决的关键技术问题。

# 参 考 文 献

[1]　Pisula A，Florowski T. Critical points in the development of pork quality-a review [J]. Polish Journal of Food and Nutrition Sciences，2006，15（3）：249-256.

[2]　Karlsson A H，Klont R E，Fernandez X. Skeletal muscle fibres as factors for pork quality [J]. Livestock Production Science，1999，60（2-3）：255-269.

[3]　Eggert J M，Depreux F F，Schinckel A P，et al. Myosin heavy chain isoforms account for variation in pork quality [J]. Meat Science，2002，61（2）：117-126.

[4]　Park B Y，Kim N K，Lee C S，et al. Effect of fiber type on postmortem

proleolysis in longissimus muscle of Landrace and Korean native black pigs [J]. Meat Science, 2007, 77 (4): 482-91.

[5] 李侠，李银，张春晖，等. 高氧气调包装对不同品种冷却猪肉贮藏品质及持水性的影响 [J]. 农业工程学报，2016，32 (2)：236-243.

[6] Lundström K, Andersson A, Hansson I. Effect of the RN gene on technological and sensory meat quality in crossbred pigs with Hampshire as terminal sire [J]. Meat Science，1996，42 (2)：145-153.

[7] Estrade M，Vignon X，Monin G. Effect of the RN gene on ultrastructure and protein fractions in pig muscle [J]. Meat Science，1993，35 (3)：313-319.

[8] Rosenvold K，Andersen H J. Factors of significance for pork quality—a review [J]. Meat Science，2003，64 (3)：219-237.

[9] Bendall J，Wismer-Pedersen J. Some properties of the fibrillar proteins of normal and watery pork muscle [J]. Journal of Food Science，1962，27 (2)：144-159.

[10] Briskey E J. Etiological status and associated studies of pale，soft，exudative porcine musculature [J]. Journal of Food Science，1964，13：89-178.

[11] 朱学伸. 动物宰后肌肉成熟期间乳酸含量与 pH 的变化 [D]. 南京：南京农业大学，2007.

[12] 朱继军. 试论不同屠宰方式对猪肉品质的影响 [J]. 河北农机，2016，(10)：39-39.

[13] Van De Perre V，Permentier L，De Bie S，et al. Effect of unloading，lairage，pig handling，stunning and season on pH of pork [J]. Meat Science，2010，86 (4)：931-7.

[14] Gilbert K，Devine C，Hand R，et al. Electrical stunning and stillness of lambs [J]. Meat Science，1984，11 (1)：45-58.

[15] Wotton S，Anil M，Whittington P，et al. Pig slaughtering procedures：head-to-back stunning [J]. Meat Science，1992，32 (3)：245-255.

[16] Channon H，Payne A，Warner R. Comparison of $CO_2$ stunning with

manual electrical stunning (50 Hz) of pigs on carcass and meat quality [J]. Meat Science, 2002, 60 (1): 63-68.

[17] Channon H, Walker P, Kerr M, et al. Application of constant current, low voltage electrical stimulation systems to pig carcasses and its effects on pork quality [J]. Meat Science, 2003, 65 (4): 1309-1313.

[18] 毋尚攀, 焦凯秀, 靳远, 等. 电击晕和电刺激对猪肉品质的影响 [J]. 科技信息, 2009, (35): 9-9.

[19] 陈阳楼, 杨珊珊, 张常松. 宰前及屠宰过程中影响猪肉品质的主要因素 [J]. 肉类工业, 2012, (7): 1-4.

[20] 陈赞谋, 李加琪, 张艾君, 等. 不同屠宰方式对猪肉品质的影响 [J]. 家畜生态学报, 2008, 29 (3): 41-43.

[21] 冯志华, 刘英. 屠宰击晕方式对猪肉品质的影响 [J]. 国外畜牧学 (猪与禽), 2014, 34 (2): 59-61.

[22] Antosik K, Kocwin-Podsiadła M, Goławski A. Effect of different $CO_2$ concentrations on the stunning effect of pigs and selected quality traits of their meat-a short report [J]. Polish Journal of Food and Nutrition Sciences, 2011, 61 (1): 69-72.

[23] Nowak B, Mueffling T V, Hartung J. Effect of different carbon dioxide concentrations and exposure times in stunning of slaughter pigs: Impact on animal welfare and meat quality [J]. Meat Science, 2007, 75 (2): 290-8.

[24] Hambrecht E, Eissen J, De Klein W, et al. Rapid chilling cannot prevent inferior pork quality caused by high preslaughter stress [J]. Journal of Animal Science, 2004, 82 (2): 551-556.

[25] Raj A B. Behaviour of pigs exposed to mixtures of gases and the time required to stun and kill them: welfare implications [J]. Veterinary Record, 1999, 144 (7): 165.

[26] 罗欣, 周光宏. 电刺激和延迟冷却对牛肉食用品质的影响 [J]. 中国农业科学, 2008, 41 (1): 188-194.

[27] Troy D J, Kerry J. Consumer perception and the role of science in the meat industry [J]. Meat Science, 2010, 86 (1): 214-226.

[28] Lonergan E H, Zhang W, Lonergan S M. Biochemistry of postmortem muscle—lessons on mechanisms of meat tenderization [J]. Meat Science, 2010, 86 (1): 184-195.

[29] Milios K T, Drosinos E H, Zoiopoulos P E. Food safety management system validation and verification in meat industry: carcass sampling methods for microbiological hygiene criteria-A review [J]. Food Control, 2014, 43: 74-81.

[30] Pophiwa P, Webb E C, Frylinck L. Meat quality characteristics of two South African goat breeds after applying electrical stimulation or delayed chilling of carcasses [J]. Small Ruminant Research, 2016, 145: 107-114.

[31] 樊金山, 黄明, 汤春辉, 等. 快速冷却对兔肉背最长肌肉品质的影响 [J]. 食品科学, 2012, 33 (8): 274-278.

[32] Bowling R, Dutson T, Smith G, et al. Effects of cryogenic chilling on beef carcass grade, shrinkage and palatability characteristics [J]. Meat Science, 1987, 21 (1): 67-72.

[33] Watt D B, Herring H K. Rapid chilling of beef carcasses utilizing ammonia and cryogenic systems: Effects on shrink and tenderness [J]. Journal of Animal Science, 1974, 38 (5): 928-934.

[34] Aalhus J, Janz J, Tong A, et al. The influence of chilling rate and fat cover on beef quality [J]. Canadian Journal of Animal Science, 2001, 81 (3): 321-330.

[35] Reagan J, Honikel K. Weight loss and sensory attributes of temperature conditioned and electrically stimulated hot processed pork [J]. Journal of Food Science, 1985, 50 (6): 1568-1570.

[36] Kerth C, Carr M, Ramsey C, et al. Vitamin-mineral supplementation and accelerated chilling effects on quality of pork from pigs that are monomutant or noncarriers of the halothane gene [J]. Journal of Ani-

mal Science，2001，79（9）：2346-2355.

［37］ 陈韬，周光宏，徐幸莲. 快速冷却对猪肉品质的影响 ［J］. 南京农业
大学学报，2006，29（1）：98-102.

［38］ 刘念. 快速冷却对猪肉持水力的影响及其机理研究 ［D］. 南京：南京
农业大学，2015.

［39］ Møller A，Vestergaard T. Effect of delay time before chilling on
toughness in pork with high or low initial pH ［J］. Meat Science，
1987，19（1）：27-37.

［40］ Will P，Henrickson R. The influence of delay chilling and hot boning
on tenderness of bovine muscle ［J］. Journal of Food Science，1976，
41（5）：1102-1106.

［41］ Fernández A，Vieira C. Effect of chilling applied to suckling lamb car-
casses on hygienic，physicochemical and sensory meat quality ［J］.
Meat Science，2012，92（4）：569-574.

［42］ Kim Y H B，Stuart A，Nygaard G，et al. High pre rigor temperature
limits the ageing potential of beef that is not completely overcome by
electrical stimulation and muscle restraining ［J］. Meat Science，
2012，91（1）：62-68.

［43］ Kinsella K，Sheridan J，Rowe T，et al. Impact of a novel spray-
chilling system on surface microflora，water activity and weight loss
during beef carcass chilling ［J］. Food Microbiology，2006，23（5）：
483-490.

［44］ Brown T，Chourouzidis K N，Gigiel A J. Spray chilling of lamb car-
casses ［J］. Meat Science，1993，34（3）：311-325.

［45］ Prado C，De Felício P. Effects of chilling rate and spray-chilling on
weight loss and tenderness in beef strip loin steaks ［J］. Meat
Science，2010，86（2）：430-435.

［46］ Rosenvold K，Borup U，Therkildsen M. Stepwise chilling：Tender
pork without compromising water-holding capacity ［J］. Journal of
Animal Science，2010，88（5）：1830-1841.

[47] Therkildsen M, Kristensen L, Kyed S, et al. Improving meat quality of organic pork through post mortem handling of carcasses: An innovative approach [J]. Meat Science, 2012, 91 (2): 108-115.

[48] Liu Y, Mao Y, Zhang Y, et al. Pre-rigor temperature control of Chinese yellow cattle carcasses to 12-18℃ during chilling improves beef tenderness [J]. Meat Science, 2015, 100: 139-144.

# 第二章

# 宰后变温处理对猪背最长肌品质的影响

近些年来，肉制品生理生化因素的研究越来越受到人们的关注。生猪屠宰后经历僵直、成熟等过程，能够提高食用品质，如风味、嫩度、保水性等，而这些指标是衡量肌肉食用品质和商业价值的重要指标[1,2,3]。宰后的肌肉由于缺少氧气发生糖酵解反应，在高温下肌肉中糖酵解酶的活性强，能够使肌肉快速进入僵直期，提高 PSE 肉的发生率[4]；在较低的温度下糖酵解酶的活性弱，缓慢的糖酵解速率和较低的温度会导致冷收缩[5]。为了减少温度对猪肉品质的影响，出现了很多新型冷却的方式，如逐步冷却[6]和快速冷却[7,8]。

pH 和温度影响宰后蛋白水解、钙结合和水结合等反应。在僵直期时，pH 和温度的变化会影响肌肉冷收缩的程度，Tapio 等人发现在低 pH、7℃条件下，肌肉的嫩度最好[9,10]。由 Rosenvold 等[11]研究发现 6h 内将肌内胴体快速冷却至 10℃或 15℃，然后快速冷却至 4℃储藏，这种冷却方法可以显著降低冷缩率，提高猪肉品质。但关于此类研究的报道较少，因此，本试验主要研究屠宰后先放入 0～4℃ 储存 4h，然后转入 12℃ 储存 4h，最后转入 0～4℃ 储存至 72h 对猪肉品质的影响，为缩短猪肉成熟时间，提高猪肉品质提供理论指导。

## 第一节
## 实验材料与方法

## 一、材料

原料选择饲养条件都相同的杂交猪（淮南猪×长白猪×约克夏，6 个月，100kg±5kg）20 头，按照常规方法屠宰，宰后 20min 之内分割两条猪背最长肌，分割时剔除可见的脂肪和结缔组织，取样均匀，分割成 100g 左右肉样 20 份。将分割的肉样分成两组：第一组肉样分割后直接放入 0～4℃ 储藏，作为对照组；第二组分割后先放入 0～4℃ 储存 4h，然后转入 12℃ 储存 4h，最后转入 0～4℃ 储存，作为变温处理组。

## 二、仪器与设备

CR-40 色差计　日本美能达公司；XHF-D 高速分散器内切式匀浆机　宁波新芝生物科技股份有限公司；DZKW-4 型水浴锅　北京中兴伟业仪器有限公司；CLM₄ 数显式肌肉嫩度仪　东北农业大学工程学院；AUY120 电子天平　日本岛津公司；pH 计　梅特勒-托利多仪器（上海）有限公司；TA-

XT. plus 质构仪　英国 Stable Micro-system 公司。

# 三、方法

## 1. pH 测定

将肉样 5g 剪成碎末放于小烧杯中加入 45mL 双蒸水，用高速分散器混匀后在室温静置 10min 左右，测定 pH。每组测定 5 次。

## 2. 剪切力测定

使用 $CLM_4$ 数显式肌肉嫩度仪来测定猪背最长肌的剪切力。先顺着肌原纤维方向切成 1cm 高，约 1cm 宽的长方体肉柱，用嫩度仪沿垂直肌原纤维方向纵向剪切肉柱，记下剪切力值。每组测定 5 次。

## 3. 蒸煮损失测定

参考张远[12]等人的方法进行测定，并加以修改。取规格 2cm×3cm×3cm 的肉样称重记为 $M_1$，用自封袋包裹，排除空气并密封好，放入 80℃恒温水浴锅中煮制 20min，然后取出冷却至室温，并称重，记为 $M_2$。

蒸煮损失为猪背最长肌蒸煮前重量与蒸煮后重量的差和蒸煮前重量的百分比。蒸煮损失按以下公式计算：

$$蒸煮损失 = (M_1 - M_2)/M_1 \times 100\%$$

## 4. 色差测定

使用色差计对猪背最长肌表面各个不同部位进行测定，标

准白色比色板为 $L^* = 96.87$，$a^* = -0.16$，$b^* = 1.88$。其中 $L^*$ 代表亮度值，$a^*$ 代表红度值，$b^*$ 代表黄度值。每组测定 5 次。

### 5. 质构测定

将猪背最长肌切成 2cm×3cm×3cm 大小的肉块，使用 P/36R 探头对其进行质构测定，参数如下：测试前速度为 2.0mm/s，测试速度为 2.0mm/s，测试后速度为 3.0mm/s；压缩比 50%；时间 5s，得到猪肉糜的硬度值、弹性、内聚性、咀嚼性。每组样品测定 5 次。

### 6. 数据处理

本实验所有处理重复 5 次。应用软件 SPSSv.18.0（SPSS Inc.，USA）进行统计分析，使用单因素方差分析（ANOVA）的方法对数据进行分析，当 $p < 0.05$ 时认为组间存在显著差异。

第二节
结果与分析

## 一、变温处理对猪背最长肌 pH 的影响

由表 2-1 可知，两种冷却方式 pH 变化都是先降低后升高的趋势，且变化比较显著（$p < 0.05$），这一结果与吴菊清[13]等人研究结果一致，这是由于宰后一般时间内糖原经无氧酵解

产生乳酸，导致肌肉 pH 下降。变温处理组猪肉 pH 变化在整个过程中比对照组慢。因为糖酵解酶是影响 pH 下降速率的最重要因素，温度对动物宰后 pH 的下降和糖酵解具有决定性的作用，肌肉在低温下收缩，肌动球蛋白酶活性增加，导致糖酵解速度在 10℃ 以下较高[14]。

表 2-1　变温处理对猪背最长肌 pH 的影响

| 宰后时间/h | 变温处理 pH | 常规处理 pH |
| --- | --- | --- |
| 0 | $6.32\pm0.09^{A,a}$ | $6.32\pm0.09^{A,b}$ |
| 12 | $5.81\pm0.02^{A,b}$ | $5.71\pm0.09^{A,b}$ |
| 24 | $5.79\pm0.04^{A,b}$ | $5.69\pm0.06^{B,b}$ |
| 48 | $5.74\pm0.06^{A,b}$ | $5.68\pm0.08^{A,b}$ |
| 72 | $6.03\pm0.04^{A,a}$ | $5.97\pm0.08^{A,a}$ |

注：每个值是平均值±标准差（SD），$n=5$。A、B 不同字母表示每行存在显著差异，a、b 不同字母表示每列存在显著差异，$p<0.05$。

## 二、变温处理对猪背最长肌剪切力的影响

由表 2-2 可知，随着宰后时间的增加，0～12h 剪切力升高，12～72h 剪切力下降，且整个冷藏过程中，两个处理组差异显著（$p<0.05$），这是由于肌肉在成熟过程中由于酶及其他因素的作用，肌原纤维的结构遭到破坏，原本完整的肌原纤维断裂成含不同数目肌节的小片，嫩度提升[15]，这一结果与李诚[2]等研究一致。且经过变温处理的猪肉比常规处理的猪肉嫩度较好，这是因为适当升高温度能活化 $\mu$-钙蛋白酶，提高猪肉的嫩度[16]。

表 2-2　变温处理对猪背最长肌剪切力的影响

| 宰后时间/h | 变温处理剪切力/N | 常规处理剪切力/N |
|---|---|---|
| 0 | 26.72±0.13[A,b] | 26.72±0.13[A,c] |
| 12 | 37.52±0.52[B,a] | 61.14±0.14[A,a] |
| 24 | 29.13±1.55[B,b] | 46.45±0.17[A,b] |
| 48 | 16.66±1.24[B,c] | 25.93±0.18[A,c] |
| 72 | 15.60±3.31[B,c] | 25.60±0.46[A,c] |

注：每个值是平均值±SD，$n=5$。A、B 不同字母表示每行存在差异显著，a～c 不同字母表示每列存在显著差异，$p<0.05$。

## 三、变温处理对猪背最长肌蒸煮损失的影响

由表 2-3 可知，宰后 0～12h，两处理组蒸煮损失都增大，但差异不显著（$p>0.05$），12～72h 蒸煮损失显著下降（$p<0.05$）。宰后初期保水性下降的原因是猪肉屠宰后进入僵直期，乳酸的积累使得肌肉 pH 下降[17]，肌肉内蛋白质过度带电，表面会吸附水分子，pH 降低之后，负电荷逐渐增多，蛋白质间排斥力减弱，从而使蛋白质之间空隙减小，肌肉持水力会下

表 2-3　变温处理对猪背最长肌蒸煮损失率的影响

| 宰后时间/h | 变温处理蒸煮损失/% | 常规处理蒸煮损失/% |
|---|---|---|
| 0 | 22.65±0.65[A,ab] | 22.65±0.65[A,ab] |
| 12 | 23.75±0.42[B,a] | 25.48±0.35[A,a] |
| 24 | 21.99±0.73[A,ab] | 22.02±1.00[A,b] |
| 48 | 21.30±1.2[A,ab] | 21.81±0.84[A,b] |
| 72 | 20.19±1.3[B,b] | 21.16±0.89[A,b] |

注：每个值是平均值±SD，$n=5$。A、B 不同字母表示每行存在差异显著，a、b 不同字母表示每列存在显著差异，$p<0.05$。

降[18]。随着宰后时间的延长，肌肉解僵，进入成熟期，骨架蛋白降解，肌原纤维间隙增加，胞外水分重新渗入胞内，肉的保水性增加[19,20]，这与 Huang[21] 等人研究结果相似，且变温处理组的保水性好于对照组，这是因为适当升高温度能提高相关蛋白酶的活性，加速骨架蛋白降解，提高猪肉的保水性。

## 四、变温处理对猪背最长肌色差的影响

变温处理和对照组对猪肉色差影响显著（表 2-4）。变温处理组猪肉 $L^*$ 宰后冷藏 12h 显著增大（$p<0.05$），宰后 $12\sim$ 24h 差异不显著，48h 显著减小（$p<0.05$），$48\sim72h$ 差异不显著，这是因为肌肉内部水分渗出到肉块表面聚积，对光的反射能力增强，亮度增加[22]；变温处理组亮度低于常规处理组，说明低温有助于亮度的稳定。变温处理组猪肉 $a^*$ 宰后 12h 显著升高，24h 显著降低，48h 又显著升高；常规处理组 $a^*$ 12h 升高，24h 降低，$24\sim72h$ 内差异不显著（$p>0.05$）。$a^*$ 值变化主要和肉中血红蛋白及肌红蛋白相关，肌红蛋白与氧结合生成鲜红色的氧合肌红蛋白，随着时间延长，氧合肌红蛋白被氧化成高铁肌红蛋白，使红色度减小或趋于稳定。变温处理组 $a^*$ 值大部分时间点低于对照组，是因为温度越高，脂肪氧化越快，氧化过程中会产生自由基，破坏血红素和高铁肌红蛋白酶的活性，使肌肉在储藏过程中产生的高铁肌红蛋白不能及时还原，$a^*$ 值下降。$b^*$ 值两个实验组在整个过程中显著增加，$0\sim12h$ 和 $12\sim72h$ 差异不显著，可能由于表面微生物代谢产物与肌红蛋白和氧结合形成硫化肌红蛋白，在光线作用下硫化肌红蛋白会使肌肉的黄度升高，变温处理猪肉 $b^*$ 值一般低于常规处理，说明较低的温度有利于保持黄度的稳定。

**表 2-4 变温处理对猪背最长肌色差的影响**

| 宰后时间/h | L* | | a* | | b* | |
| --- | --- | --- | --- | --- | --- | --- |
| | 处理组 | 对照组 | 处理组 | 对照组 | 处理组 | 对照组 |
| 0 | 40.74±0.1 A.c | 40.74±0.1 A.c | 5.53±0.21 A.b | 5.53±0.21 A.b | 1.90±0.46 A.b | 1.90±0.46 A.b |
| 12 | 43.42±0.30 A.a | 43.90±0.73 A.b | 6.17±0.07 A.a | 6.52±0.02 A.a | 2.56±0.72 A.ab | 2.78±0.85 A.ab |
| 24 | 44.40±0.89 A.a | 44.79±0.73 A.b | 5.17±0.16 A.b | 5.60±0.11 B.b | 2.82±0.78 A.a | 3.00±0.98 A.a |
| 48 | 42.90±0.68 B.b | 44.13±0.16 A.b | 5.46±0.19 A.ab | 5.50±0.27 A.b | 3.13±0.97 A.a | 3.41±0.77 A.a |
| 72 | 42.60±0.61 B.b | 46.46±0.93 A.a | 5.62±0.19 A.b | 5.73±0.20 A.b | 3.35±1.03 A.a | 3.70±1.30 A.a |

注：每个值是平均值±SD，n=5。A，B不同字母表示每行行存在差异显著，a~c不同字母表示每列存在显著差异，$p<0.05$。

**表 2-5 变温处理对猪背最长肌质构的影响**

| 宰后时间/h | 硬度/N | | 弹性/mm | | 内聚性/% | | 咀嚼性/(N·mm) | |
| --- | --- | --- | --- | --- | --- | --- | --- | --- |
| | 变温处理组 | 对照组 | 变温处理组 | 对照组 | 变温处理组 | 对照组 | 变温处理组 | 对照组 |
| 0 | 107.40±7.18 A.e | 107.40±7.18 A.c | 0.91±0.01 A.a | 0.91±0.01 A.a | 0.57±0.02 A.ab | 0.57±0.02 A.b | 58.65±3.57 A.c | 58.65±3.57 A.b |
| 12 | 214.55±12.68 A.b | 137.34±41.14 B.bc | 0.88±0.03 A.ab | 0.86±0.01 A.ab | 0.52±0.02 A.b | 0.48±0.01 A.b | 113.25±24.5 A.b | 58.40±13.69 B.b |
| 24 | 352.89±9.87 A.a | 251.43±33.97 B.a | 0.83±0.03 A.b | 0.74±0.06 A.c | 0.64±0.06 A.a | 0.64±0.05 A.a | 154.81±10.87 A.a | 114.9±4.16 B.a |
| 48 | 148.02±3.77 A.d | 162.15±17.63 B.b | 0.74±0.03 A.c | 0.69±0.04 A.d | 0.45±0.01 A.c | 0.49±0.05 A.b | 56.93±7.04 A.c | 50.4±6.26 A.b |
| 72 | 176.95±9.27 A.c | 106.02±19.09 B.c | 0.81±0.05 A.b | 0.84±0.01 A.bc | 0.51±0.06 A.b | 0.54±0.03 A.b | 78.14±16.53 A.c | 48.30±5.90 B.b |

注：每个值是平均值±SD，n=5。A，B不同字母表示每行行存在差异显著，a~d不同字母表示每列存在显著差异，$p<0.05$。

## 五、变温处理对猪背最长肌质构的影响

由表 2-5 可知，随着宰后时间的延长，两处理组的硬度、咀嚼性先逐渐升高，在 24h 达到最高，之后逐渐下降，且变温处理组猪肉硬度和咀嚼性最大值均大于对照组，两个处理组弹性在 48h 内逐渐下降，且变温处理组猪肉弹性下降速率较慢，这与张廷焕[23]等人研究结果相符，但内聚性方面，两个处理组没有显著性差异。总体来看，变温处理猪肉质构较好于对照组。

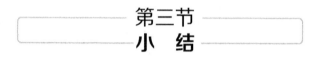

第三节

小　结

通过不同处理方式处理后，猪背最长肌品质变化显著，变温处理的 pH 变化比对照组快，剪切力、蒸煮损失都小于对照组，提高了保水性和嫩度（$p < 0.05$）；变温处理的 $L^*$、$a^*$ 和 $b^*$ 值均普遍小于常规处理；两个处理组硬度和咀嚼性均在 24h 达到最大值，且变温处理组高于对照组，48h 变温处理组弹性下降速率比对照组慢，但内聚性差异不显著（$p > 0.05$）。由此可知，宰后变温处理比对照组更能提高猪肉的品质，为缩短猪肉成熟时间提供理论基础。

参 考 文 献

[1]　Nam Y，Choi Y，Lee S，et al. Sensory evaluations of porcine longissi-

mus dorsi muscle：Relationships with postmortem meat quality traits and muscle fiber characteristics ［J］. Meat Science，2009，83（4）：731-736.

［2］ 李诚，谢婷，付刚，等. 猪肉宰后冷却成熟过程中嫩度指标的相关性研究 ［J］. 食品科学，2009，30（17）：163-166.

［3］ Møller S M, Gunvig A，Bertram H C. Effect of starter culture and fermentation temperature on water mobility and distribution in fermented sausages and correlation to microbial safety studied by nuclear magnetic resonance relaxometry ［J］. Meat science，2010，86（2）：462-467.

［4］ Wismer-Pedersen J, Briskey E. Rate of anaerobic glycolysis versus structure in pork muscle ［J］. Nature，1961，189（4761）：318.

［5］ Rosenvold K, Borup U. Stepwise chilling adapted to commercial conditions——Improving tenderness of pork without compromising water-holding capacity ［J］. Acta Agriculturae Scandinavica，Section A-Animal Science，2011，61（3）：121-127.

［6］ Holmer S, Mckeith F, Killefer J. The influence of early post-mortem enhancement and accelerated chilling on pork quality ［J］. Meat Science，2008，79（2）：211-216.

［7］ 陈韬，周光宏，徐幸莲. 快速冷却对猪肉品质的影响 ［J］. 南京农业大学学报，2006，29（1）：98-102.

［8］ Thompson J, Perry D，Daly B，et al. Genetic and environmental effects on the muscle structure response post-mortem ［J］. Meat Science，2006，74（1）：59-65.

［9］ Thompson J, Hopkins D，D'souza D，et al. The impact of processing on sensory and objective measurements of sheep meat eating quality ［J］. Australian Journal of Experimental Agriculture，2005，45（5）：561-573.

［10］ Hannula T, Puolanne E. The effect of cooling rate on beef tenderness：The significance of pH at 7℃ ［J］. Meat Science，2004，67（3）：403-408.

[11]　Rosenvold K, Borup U, Therkildsen M. Stepwise chilling: Tender pork without compromising water-holding capacity [J]. Journal of Animal Science, 2010, 88 (5): 1830-1841.

[12]　张远, 赵改名, 黄现青, 等. 性别对猪肉品质特性的影响 [J]. 食品科学, 2014, 35 (7): 48-52.

[13]　吴菊清, 李春保, 周光宏, 等. 宰后成熟过程中冷却牛肉、猪肉色泽和嫩度的变化 [J]. 食品科学, 2008, 29 (10): 136-139.

[14]　Bekhit A, Farouk M, Cassidy L, et al. Effects of rigor temperature and electrical stimulation on venison quality [J]. Meat Science, 2007, 75 (4): 564-574.

[15]　Pomponio L, Ertbjerg P. The effect of temperature on the activity of $\mu$-and $m$-calpain and calpastatin during post-mortem storage of porcine longissimus muscle [J]. Meat Science, 2012, 91 (1): 50-55.

[16]　Dayton W R, Reville W, Goll D E, et al. A calcium (2+) ion-activated protease possibly involved in myofibrillar protein turnover. Partial characterization of the purified enzyme [J]. Biochemistry, 1976, 15 (10): 2159-2167.

[17]　Huff-Lonergan E, Mitsuhashi T, Beekman D D, et al. Proteolysis of specific muscle structural proteins by $\mu$-calpain at low pH and temperature is similar to degradation in postmortem bovine muscle [J]. Journal of Animal Science, 1996, 74 (5): 993-1008.

[18]　Murachi T. Calpain and calpastatin [J]. Trends in Biochemical Sciences, 1983, 8 (5): 167-169.

[19]　Kristensen L, Purslow P P. The effect of ageing on the water-holding capacity of pork: role of cytoskeletal proteins [J]. Meat Science, 2001, 58 (1): 17-23.

[20]　Bertram H C, Whittaker A K, Shorthose W R, et al. Water characteristics in cooked beef as influenced by ageing and high-pressure treatment—an NMR micro imaging study [J]. Meat Science, 2004, 66 (2): 301-306.

[21] Huang J, Forsberg N E. Role of calpain in skeletal-muscle protein degradation [J]. Proceedings of the National Academy of Sciences, 1998, 95 (21): 12100-12105.

[22] Page J, Wulf D, Schwotzer T. A survey of beef muscle color and pH [J]. Journal of Animal Science, 2001, 79 (3): 678-687.

[23] 张廷焕, 陈磊, 潘红梅, 等. 低温嫩化过程中猪肉质构和感官性状的变化 [J]. 食品工业科技, 2014, 35 (19): 89-92.

# 第三章

# 变温处理对猪肉糜凝胶特性的影响

肉的保水性是衡量肌肉持水力的指标之一。肉的嫩度和质地一直是消费者接受和购买肉类最受欢迎的品质属性,大多数消费者愿意以高价购买有一定程度嫩度的肉类。嫩度、保水性和其他指标在肉类储存期间很容易改变。肉类的持水能力在肉类行业非常重要,因为它兼顾了肉类的经济和感官特性。肌肉蛋白质的结构在肉类水分分布中起决定性作用,直接影响肉类的保水性(Water Holding Capacity,WHC)特征[1]。

动物屠宰一段时间之后,由于尸僵的产生,保水性和嫩度会变差,在随后的低温储藏中,嫩度和保水性会逐渐改善。猪肉屠宰过程中要迅速降低温度,以防止温度升高和低 pH 值的不利影响[2]。通过优化猪肉屠宰过程,可以减少肌肉冷收缩和 PSE 肉的发生率。猪肉胴体在自然环境中冷藏后即可进入成熟期。在此期间,肌肉基质蛋白质降解,肉的保水性提高,嫩度和味道得到改善,并且其他感官品质如风味和香气得到改善[3]。

研究表明，在屠宰后期控制温度处理时，刚度和收缩率以及内源性蛋白酶的影响尤为重要。死后初始的温度和pH值是决定冷收缩程度的关键因素，最佳成熟时间与屠宰后温度和屠宰后处理密切相关。Rosenvold等人研究了逐步冷却方法[4]。逐步冷却处理包括快速冷却至10℃或15℃（在冷却隧道中）和在10℃或15℃下6h，然后快速冷却至4℃。这种冷却方法可以显著降低冷缩率，提高猪肉质量，这是因为冷却速度影响屠宰后的生化变化，进而影响感官品质和食用品质。我们使用以下冷却方法：将刚屠宰的胴体迅速冷却至0~4℃，控制温度恒定4h，然后将样品转移至10~15℃ 4h，最后转移至0~4℃进行储存。这种冷却方法可以减少冷收缩，但尚未报道对猪肉质量的影响。本实验通过对比变温处理和传统处理，研究了两种处理方法对猪肉糜质量的影响，为加快猪肉成熟提供了理论依据。

## 第一节
## 实验材料与方法

## 一、材料

原料选择饲养条件都相同的杂交猪（淮南猪×长白猪×约克夏，6个月，100kg±5kg）20头，按照常规方法屠宰，宰后20min之内分割两条猪背最长肌，分割时剔除可见的脂肪和结缔组织，取样均匀，分割100g左右肉样20份，将分割的肉样分成两组：第一组肉样分割后直接放入 0～4℃储藏，作为对照组；第二组分割后先放入 0～4℃储存 4h，然后转入 12℃储存 4h，最后转入 0～4℃储存，作为变温处理组。

## 二、仪器与设备

CR-40 色差计　日本美能达公司；XHF-D 高速分散器内切式匀浆机　宁波新芝生物科技股份有限公司；DZKW-4 型水浴锅　北京中兴伟业仪器有限公司；AUY120 电子天平　日本岛津公司；TA-XT. plus 质构仪　英国 Stable Microsystem 公司；HAAKE MARS 旋转流变仪　德国 Thermo Scientific 公司。

## 三、方法

### 1. 猪肉糜的制备

制备猪肉糜的工艺流程如下：

猪肉→绞碎→斩拌（低温）→离心（除气泡）→生肉糜（测定 pH 和流变性）→蒸煮（形成凝胶）→熟肉糜（测定色差、蒸煮得率和质构）。

将冷藏后的猪肉取出，使用绞肉机（6mm）绞碎后称取 400g，每份添加冰 100g 冰水和 10gNaCl。具体方法如下：将猪肉、NaCl 放入斩拌机，以 1500r/min 斩拌 30s，并缓慢加入 1/3 的冰水；1500r/min 斩拌 30s，并缓慢加入 1/3 的冰水；3000r/min 斩拌 60s，并缓慢加入剩余的冰水（中心温度低于 10℃）。取 35g 斩拌好的肉糜装入 50mL 的离心管中，500r/min

离心 3min 完全除去肉糜中的气泡，然后 80℃ 水浴煮制 25min（中心温度 72℃），放入冰水混合物中冷却至中心温度 20℃ 左右，放入 0～4℃ 冰箱中过夜。

## 2. 蒸煮损失的测定

参考张远等人的方法进行测定，并加以修改。取规格 2cm×3cm×3cm 的肉样称重记为 $M_1$，用自封袋包裹，排除空气并密封好，放入 80℃ 恒温水浴锅中煮制 20min，然后取出冷却至室温，并称重，记为 $M_2$。

蒸煮损失为猪背最长肌蒸煮前重量与蒸煮后重量的差和蒸煮前重量的百分比。蒸煮损失按以下公式计算：

$$蒸煮损失 = (M_1 - M_2)/M_1 \times 100\%$$

## 3. 色差的测定

使用色差计对猪背最长肌表面各个不同部位进行测定，标准白色比色板为 $L^* = 96.87$，$a^* = -0.16$，$b^* = 1.88$。其中 $L^*$ 代表亮度值，$a^*$ 代表红度值，$b^*$ 代表黄度值。每组测定 5 次。

## 4. 质构的测定

将猪肉整理成大小的 2cm×3cm×3cm 小块，使用 P/36R 探头对其进行质构测定，参数如下：测试前速度为 2.0mm/s，测试速度为 2.0mm/s，测试后速度为 3.0mm/s；压缩比 50%；时间 5s，得到猪肉糜的硬度值、弹性、内聚性、咀嚼性。每组样品测定 5 次。

## 5. 流变性测量

在 HAAKE MARS 旋转流变仪上测量具有不同处理方法

的猪肉糜的热动态流变性质。使用 35mm 不锈钢圆形平板探针，间隙为 0.5mm。将猪肉糜均匀地涂在两块盘子之间，并在外面涂上一层薄薄的硅油以防止水分蒸发。储能模量（$G'$）测量的演变在 30min 的结合时间内，以 2℃/min 的速率从 20℃升温 80℃，此时原料面糊被加热。样品在振荡模式下连续剪切，在加热过程中固定频率为 0.1Hz。所有样品测量 5 次。

## 6. 统计方法

本实验所有处理重复 5 次。应用软件 SPSSv.18.0（SPSS Inc.，USA）进行统计分析，使用单因素方差分析（ANOVA）的方法对数据进行分析，当 $p < 0.05$ 时认为组间存在显著差异。

第二节
**结果与分析**

## 一、色泽

不同处理方法后熟肉块的颜色如表 3-1 所示。熟肉块在不同成熟时间和处理方法的色差变化显著（$p < 0.05$），处理组是先上升后下降最后又上升，而对照组一直是上升的。这可归因于蛋白质结构的变化，由于 WHC 的减少导致更高的光反射，并且成熟过程可能增加肌肉蛋白质变性，导致更多的烹饪损失并且最终导致更高的光散射使 $L^*$ 增加[5,6]。两种处理在

0h 和 48h 差异显著，并且随着温度的升高亮度增加，这与 Li 等人的结果一致[7]，这可能是因为随着温度升高导致肌原纤维的收缩，并且水分被释放到样品表面，导致光散射增加[8]。

在相同的处理条件下，猪肉糜凝胶在猪肉成熟早期逐渐增加，$a^*$ 变化主要与肉中的血红蛋白和肌红蛋白有关，肌红蛋白和氧气结合产生鲜红色肌红蛋白[9]。猪肉糜凝胶 $a^*$ 会在成熟后期下降，这是由于暴露在有氧条件下的样品脂质氧化增加[10]。变温处理的前期温度较高于对照组，其凝胶的 $a^*$ 值小于对照组，这是因为较高的冷藏温度导致氧化肌红蛋白和肌红蛋白之间的棕色球蛋白中间层向表面移动，随着宰后时间的延长，肌红蛋白变得更加明显[11]。变温处理组和对照组的 $a^*$ 分别在 24h 和 48h 达到最优值，且变温处理组的最优值大于对照组。对于 $b^*$，随着成熟度时间和温度的变化，数据结果的趋势不明显。

表 3-1　变温处理对猪肉糜凝胶色泽的影响

| 宰后时间/h | $L^*$ | | $a^*$ | | $b^*$ | |
| --- | --- | --- | --- | --- | --- | --- |
| | 处理组 | 对照组 | 处理组 | 对照组 | 处理组 | 对照组 |
| 0 | 77.46± 0.15^{A,d} | 75.88± 0.09^{B,e} | 3.26± 0.06^{B,d} | 3.91± 0.05^{A,d} | 7.17± 0.02^{A,d} | 7.66± 0.09^{A,c} |
| 12 | 78.22± 0.27^{A,c} | 76.76± 0.31^{B,d} | 4.62± 0.19^{A,c} | 4.71± 0.01^{A,c} | 11.77± 0.10^{A,a} | 10.58± 0.05^{B,a} |
| 24 | 79.89± 0.21^{A,a} | 77.15± 0.07^{B,c} | 5.38± 0.09^{A,a} | 5.00± 0.05^{A,b} | 10.27± 0.03^{B,b} | 10.78± 0.01^{A,a} |
| 48 | 79.47± 0.26^{A,b} | 78.60± 0.14^{B,b} | 3.55± 0.01^{B,d} | 5.33± 0.03^{A,a} | 9.91± 0.02^{B,c} | 10.87± 0.07^{A,a} |
| 72 | 79.55± 0.02^{A,ab} | 81.07± 0.13^{A,a} | 4.77± 0.03^{A,b} | 4.02± 0.02^{A,d} | 10.33± 0.03^{A,b} | 10.14± 0.05^{A,b} |

注：每个值是平均值±SD，$n=5$。A、B 不同字母表示每行存在差异显著，a～e 不同字母表示每列存在显著差异，$p < 0.05$。

## 二、蒸煮损失

新鲜猪肉糜保持水的能力是原料产品最重要的品质特征之一。肌肉中的大部分水分存在于肌原纤维中，肌原纤维与细胞膜（肌膜）之间，肌细胞之间，肌束之间（肌细胞群）。一旦肌肉成熟，水的数量和水在肉中的位置可以取决于许多与组织本身相关的因素，研究发现，烹饪损失与肌肉组织状况有关[12]。在加热过程中，肌肉中的蛋白质发生变性，导致肌纤维收缩，疏水性区域暴露，形成新的致密的蛋白质结构，最终增加水分流失[13]。

变温处理对猪肉糜蒸煮损失的影响见表 3-2。随着成熟期的延长，处理组和对照组的蒸煮损失先增大后减小，最后增大。有研究表明，随宰后时间的延长，猪肉糜的持水力提升[14]，这与我们的研究结果一致。蒸煮失水率是加热失水，反映了猪肉的保水性能。在猪肉成熟过程中，肌肉纤维缩短，储水空间减小。在内部压力的作用下，水从细胞内流动到细胞外，导致猪肉蒸煮损失增加。随着成熟的延长，肌肉纤维的内部纤维退化，在内源酶的作用下，导致肌肉细胞从一个紧张的状态变化到一个轻松的状态，细胞外的水回流到细胞，猪肉保水性提高。但随着成熟期的延长，由于肌原纤维结构蛋白的退化和降解，猪肉的保水能力逐渐降低。这与 Melody 等人的研究结果一致[15]。

如表 3-2 所示，24h、48h 时变温处理的猪肉糜凝胶蒸煮损失要好于对照组，变温处理猪肉的蒸煮损失在 48h 最小，对照组在 72h 最小，且变温处理在 48h 的蒸煮损失要小于对照组在 72h 的蒸煮损失，这说明变温处理能改善猪肉糜的保水性。

表 3-2 变温处理对猪肉糜蒸煮损失的影响

| 宰后时间/h | 处理组蒸煮损失/% | 对照组蒸煮损失/% |
|---|---|---|
| 0 | $9.65\pm0.60$[A,d] | $8.71\pm0.36$[A,bc] |
| 12 | $17.90\pm0.27$[A,a] | $9.79\pm0.24$[B,bc] |
| 24 | $10.94\pm0.60$[B,c] | $16.05\pm0.78$[A,a] |
| 48 | $10.09\pm0.35$[A,cd] | $11.54\pm0.35$[A,b] |
| 72 | $12.55\pm0.77$[A,b] | $10.7\pm0.17$[B,bc] |

注：每个值是平均值±SD，$n=5$。A、B不同字母表示每行存在差异显著，a～d不同字母表示每列存在显著差异，$p<0.05$。

## 三、质构

食物的质地特征构成消费者感知的主要感官属性之一。仪器纹理轮廓分析（TPA）是评估食物质地特性的好方法[16]，肉品的质地，包括硬度、内聚性、弹性和咀嚼性，是消费者关心的主要特征。其中，硬度是最重要的，因为它赋予了多种商业价值。如表 3-3 所示，变温处理对猪肉糜的质地有非常显著的影响。0～48h，随着宰后时间的延长，硬度、内聚性、弹性和咀嚼性先减小后增大。这是由于蛋白质的降解所引起的化学和酶的活动，并导致质构的变化[17]。经变温处理后的猪肉条在 12h 内经历升温过程，凝胶硬度、内聚性、弹性、咀嚼性均低于常规处理的猪肉条，这与 Lee 和 Xu 等人的研究结果一致[18,19]。总的来说，处理组猪肉糜凝胶的硬度、内聚性、弹性和咀嚼性在 48h 达到了最大值，对照组在 72h 达到最大值，且变化显著（$p<0.05$）。结果表明，温度变化可以改变改善猪肉糜的质地，且最佳时间点提前。

表 3-3　变温处理对猪肉糜凝胶质构的影响

| 宰后成熟时间/h | 硬度/N | | 弹性/mm | | 内聚性/% | | 咀嚼性/(N·mm) | |
| --- | --- | --- | --- | --- | --- | --- | --- | --- |
| | 处理组 | 对照组 | 处理组 | 对照组 | 处理组 | 对照组 | 处理组 | 对照组 |
| 0 | $31.09\pm0.16^{A,c}$ | $31.03\pm1.96^{A,c}$ | $0.819\pm0.019^{A,c}$ | $0.823\pm0.007^{A,c}$ | $0.425\pm0.007^{A,c}$ | $0.413\pm0.003^{B,c}$ | $10.71\pm0.63^{A,c}$ | $9.88\pm0.33^{A,c}$ |
| 12 | $23.02\pm0.83^{B,d}$ | $29.94\pm0.07^{A,c}$ | $0.791\pm0.008^{B,d}$ | $0.818\pm0.006^{A,c}$ | $0.379\pm0.003^{B,d}$ | $0.405\pm0.002^{A,d}$ | $8.25\pm0.41^{A,d}$ | $9.53\pm0.70^{A,c}$ |
| 24 | $42.12\pm0.71^{A,b}$ | $30.76\pm0.56^{B,c}$ | $0.851\pm0.018^{A,b}$ | $0.830\pm0.005^{B,c}$ | $0.571\pm0.003^{A,ab}$ | $0.413\pm0.005^{B,c}$ | $19.33\pm1.19^{A,b}$ | $10.91\pm1.23^{B,c}$ |
| 48 | $50.91\pm1.82^{A,a}$ | $46.75\pm0.83^{B,b}$ | $0.883\pm0.006^{A,a}$ | $0.862\pm0.011^{Bb}$ | $0.582\pm0.013^{A,a}$ | $0.554\pm0.004^{B,b}$ | $22.84\pm1.30^{A,a}$ | $20.08\pm0.89^{B,b}$ |
| 72 | $41.76\pm1.88^{B,b}$ | $60.72\pm0.24^{A,a}$ | $0.848\pm0.005^{B,b}$ | $0.881\pm0.007^{A,a}$ | $0.560\pm0.012^{B,b}$ | $0.620\pm0.004^{A,a}$ | $19.77\pm1.93^{B,b}$ | $33.72\pm0.23^{A,a}$ |

注：每个值是平均值±SD，$n=5$。A、B 不同字母表示每行存在差异显著，a～d 不同字母表示每列存在显著差异，$p<0.05$。

## 四、动态流变性

流动特性和黏度是食品蛋白质的重要功能特性，蛋白质的化学成分和微观结构对食品的流变特性有重要影响[20]。猪肉糜的流变学特性反映了肌原纤维蛋白变性对肌肉凝胶结构的影响[21]。动态流变性能监测蛋白质溶液转化成三维凝胶网络的过程[22]。图 3-1 显示变温处理对猪肉糜动态流变性的影响，可以看出变温处理处理对猪肉糜的质地有非常显著的影响。肉糜的加热过程实质上是肌肉纤维蛋白的热凝胶化，这是一个不稳定的动态流变过程，伴随着肌肉蛋白的变性和凝集[23]。如图 3-1 所示，整个过程主要分为三个阶段。温度从 21℃到 40℃，$G'$ 缓慢下降，温度从 41℃升至 51℃，$G'$ 缓慢升高。这是由于肌球蛋白头部在低温区域的结合，蛋白质分子之间的交联和初步的蛋白质网络通过氢键形成，导致储能模量 $G'$ 缓慢增加[24,25]。它只形成一种较弱的凝胶[26]。温度在 51～61℃ 之间，$G'$ 降低，这是因为蛋白质变性率随温度升高而增加。退化的肌球蛋白尾部增加了流动性，并且加热导致初始蛋白质网络的氢键被破坏，从而破坏了在低温下形成的凝胶网络的结构。这类似于 Kang 等人报道的鸡胸肉的动态流变曲线[27]。温度为 62～75℃ 时，$G'$ 随温度的升高而迅速增加，这是由于温度升高导致大量变性肌球蛋白聚集和进一步交联。通过加热将半溶胶转化为弹性胶体，将黏弹性溶胶状肉糜转化为弹性凝胶网络结构[28-30]。从图 3-1 中可以看出，变温处理时猪肉糜的 $G'$ 值在 48h 时较高，常规处理猪肉糜的 $G'$ 值在 72h 时较高，且两处理组在 0h 的 $G'$ 值较低。高 $G'$ 表示猪肉糜凝胶具有良好的质地并且可以具有精细、紧密的凝胶结构，而较低的 $G'$ 表示肉制品的质地差[31]。

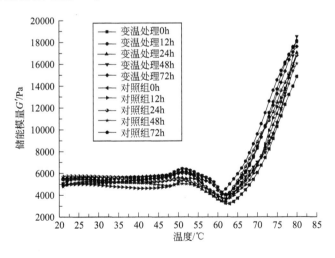

图 3-1 变温处理对猪肉糜动态流变性的影响

# 第三节
## 小 结

变温处理对猪肉糜凝胶特性有显著的影响（$p < 0.05$）。变温处理猪肉糜的蒸煮损失在 48h 时达到最小值，而常规处理的猪肉糜在 72h 达到最小值，变温处理的最小值小于常规处理，这表明变温处理可以提高猪肉糜的保水性，最佳保水时间提前。变温处理猪肉糜凝胶的硬度、内聚性、弹性和咀嚼性的最佳时间点为 48h，常规加工猪肉糜的凝胶最佳时间点为 72h。在 80℃时，变温处理猪肉糜的 $G'$ 值在 48h 时最高，常规处理的 $G'$ 值在 72h 时最高。在 48h 之前变温处理的猪肉糜凝胶 $L^*$ 高于常规处理的猪肉糜凝胶。变温处理的猪肉糜的 $a^*$ 值在 24h 时较高，而常规处理的 $a^*$ 值在 48h 时较高。综上所述，变温处理对猪肉糜品质有所提高，48h 猪肉糜品质最好。

## 参 考 文 献

[1] Huff-Lonergan E, Lonergan S M. Mechanisms of water-holding capacity of meat: The role of postmortem biochemical and structural changes [J]. Meat Science, 2005, 71 (1): 194-204.

[2] Scheffler T L, Park S, Gerrard D E. Lessons to learn about postmortem metabolism using the AMPKγ3R200Q mutation in the pig [J]. Meat Science, 2011, 89 (3): 244-250.

[3] Prates J a M, E Costa F J G, Ribeiro A M R, et al. Contribution of major structural changes in myofibrils to rabbit meat tenderisation during ageing [J]. Meat Science, 2002, 61 (1): 103-113.

［4］ Rosenvold K，Borup U，Therkildsen M. Stepwise chilling：Tender pork without compromising water-holding capacity ［J］. Journal of Animal Science，2010，88（5）：1830-1841.

［5］ Mungure T E，Bekhit A E-D A，Birch E J，et al. Effect of rigor temperature，ageing and display time on the meat quality and lipid oxidative stability of hot boned beef semimembranosus muscle ［J］. Meat Science，2016，114：146-153.

［6］ Brewer M，Harbers C. Effect of packaging on color and physical characteristics of ground pork in long-term frozen storage ［J］. Journal of Food Science，1991，56（2）：363-366.

［7］ Li X，Wei X，Wang H，et al. Relationship between protein denaturation and water holding capacity of pork during postmortem ageing ［J］. Food Biophysics，2018，13（1）：18-24.

［8］ Farouk M，Swan J. Effect of rigor temperature and frozen storage on functional properties of hot-boned manufacturing beef ［J］. Meat Science，1998，49（2）：233-247.

［9］ King N J，Whyte R. Does it look cooked? A review of factors that influence cooked meat color ［J］. Journal of Food Science，2006，71（4）：R31-R40.

［10］ Kim Y H，Huff-Lonergan E，Sebranek J G，et al. High-oxygen modified atmosphere packaging system induces lipid and myoglobin oxidation and protein polymerization ［J］. Meat Science，2010，85（4）：759-767.

［11］ Renerre M T. Factors involved in the discoloration of beef meat ［J］. International Journal of Food Science & Technology，1990，25（6）：613-630.

［12］ Leygonie C，Britz T J，Hoffman L C. Impact of freezing and thawing on the quality of meat ［J］. Meat Science，2012，91（2）：93-98.

［13］ Straadt I K，Rasmussen M，Andersen H J，et al. Aging-induced changes in microstructure and water distribution in fresh and cooked pork in relation to water-holding capacity and cooking loss—A combined confocal laser scanning microscopy (CLSM) and low-field nuclear magnetic resonance relaxation study [J]. Meat Science, 2007, 75 (4): 687-695.

[14] Davis K J, Sebranek J G, Huff-Lonergan E, et al. The effects of aging on moisture-enhanced pork loins [J]. Meat Science, 2004, 66 (3): 519-524.

[15] Melody J, Lonergan S M, Rowe L, et al. Early postmortem biochemical factors influence tenderness and water-holding capacity of three porcine muscles [J]. Journal of Animal Science, 2004, 82 (4): 1195-1205.

[16] Tabilo G, Flores M, Fiszman S, et al. Postmortem meat quality and sex affect textural properties and protein breakdown of dry-cured ham [J]. Meat Science, 1999, 51 (3): 255-260.

[17] Daíz P, Nieto G, Garrido M D, et al. Microbial, physical—chemical and sensory spoilage during the refrigerated storage of cooked pork loin processed by the sous vide method [J]. Meat Science, 2008, 80 (2): 287-292.

[18] Lee H, Erasmus M, Swanson J, et al. Improvement of turkey breast meat quality and cooked gel functionality using hot-boning, quarter sectioning, crust-freeze-air-chilling and cold-batter-mincing technologies [J]. Poultry Science, 2016, 95 (1): 138-143.

[19] Xu X-L, Han M-Y, Fei Y, et al. Raman spectroscopic study of heat-induced gelation of pork myofibrillar proteins and its relationship with textural characteristic [J]. Meat Science, 2011, 87 (3): 159-164.

[20] Bellalta P, Troncoso E, Zúñiga R N, et al. Rheological and microstructural characterization of WPI-stabilized O/W emulsions exhibiting time-dependent flow behavior [J]. LWT-Food Science and Technology, 2012, 46 (2): 375-381.

[21] Cofrades S, Careche M, Carballo J, et al. Thermal gelation of chicken, pork and hake (Merluccius merluccius L.) actomyosin [J].

Meat Science，1997，47 (1-2)：157-166.

[22] Cofrades S，Ayo J，Serrano A，et al. Walnut，microbial transglutaminase and chilling storage time effects on salt-free beef batter characteristics [J]. European Food Research and Technology，2006，222 (3-4)：458-466.

[23] Tornberg E. Effects of heat on meat proteins——Implications on structure and quality of meat products [J]. Meat Science，2005，70 (3)：493-508.

[24] Cao M J，Wu L L，Hara K，et al. Purification and characterization of a myofibril-bound serine proteinase from the skeletal muscle of silver carp [J]. Journal of Food Biochemistry，2005，29 (5)：533-546.

[25] Egelandsdal B，Fretheim K，Samejima K. Dynamic rheological measurements on heatinduced myosin gels：Effect of ionic strength，protein concentration and addition of adenosine triphosphate or pyrophosphate [J]. Journal of the Science of Food and Agriculture，1986，37 (9)：915-926.

[26] Weiss J，Gibis M，Schuh V，et al. Advances in ingredient and processing systems for meat and meat products [J]. Meat Science，2010，86 (1)：196-213.

[27] Kang Z-L，Li B，Ma H-J，et al. Effect of different processing methods and salt content on the physicochemical and rheological properties of meat batters [J]. International Journal of Food Properties，2016，19 (7)：1604-1615.

[28] Alvarez D，Xiong Y，Castillo M，et al. Textural and viscoelastic properties of pork frankfurters containing canola—olive oils，rice bran，and walnut [J]. Meat Science，2012，92 (1)：8-15.

[29] Lesiów T，Xiong Y L. Mechanism of rheological changes in poultry myofibrillar proteins during gelation [J]. Avian and Poultry Biology Reviews，2001，12 (4)：137-149.

[30] Youssef M K，Barbut S，Smith A. Effects of pre-emulsifying fat/oil

on meat batter stability, texture and microstructure [J]. International Journal of Food Science & Technology, 2011, 46 (6): 1216-1224.

[31]　Sun J, Wu Z, Xu X, et al. Effect of peanut protein isolate on functional properties of chicken salt-soluble proteins from breast and thigh muscles during heat-induced gelation [J]. Meat Science, 2012, 91 (1): 88-92.

猪肉冷却和储藏关键技术

# 第四章

# 冷藏时间对冷却猪肉背最长肌品质的影响

冷却肉是指将检验检疫合格的猪胴体或分割肉温度 24h 内迅速降至 0～4℃，并在后续环节中始终保持该温度的鲜肉，已成为我国猪肉类消费主流。冷却肉的色泽、嫩度和持水性直接影响肉的感官品质和消费者的购买欲望，并与生产企业经济效益密切相关。在冷藏过程中，冷却肉的色泽、嫩度和持水性都较易发生变化，如对色泽起决定性作用的肌红蛋白的变化，对嫩度和持水性影响较大的冷却肉内源酶的变化都是研究的热点[1,2]。目前国内外冷藏时间对冷却肉品质的影响，主要研究的是冷藏时间对冷却肉脂肪和蛋白氧化的影响[3]、成熟过程中水分迁移状态变化[4]、冷却方式和处理方式[5,6]等，但对冷却肉成熟后冷藏过程中品质保持和水分迁移状态变化的报道较少。

低场核磁共振（low-field nuclear magnetic resonance，LF-NMR）作为一种快速、无损的光谱检测技术，主要通过检测肌肉中氢原子核在磁场中的弛豫特性来获得肌肉中水分状态、分布及组成的信息，被广泛应用于研究肌肉中水分分布及确定水分组分[7,8]。Zhu 等[9]应用低场核磁共振技术预测真空包装冷却猪肉储藏过程中储藏损失，发现储藏损失最大的时间为第 6 天和第 7 天。Straadt 等[10]利用低场核磁共振技术研究了成熟对生鲜猪肉和煮制猪肉保水性和水分迁移的影响。因此，本实验主要研究冷却猪背最长肌在（4±0.1）℃环境中冷藏 0～48h 时品质和水分状态的变化，为保持冷却肉在冷藏过程中的品质提供理论支持。

## 第一节
## 实验材料与方法

## 一、材料

猪背最长肌（水分，73.12%；蛋白质，23.03%；脂肪，2.06%）由众品集团提供，来源于养殖 6 个月，质量为（100±5）kg的长白猪，宰后 24h 的温度为 2～4℃，分割后托盘包装放置于碎冰中运往实验室。

## 二、设备

CR-400 色差计　日本美能达公司；C-LM$_4$ 数显式肌肉嫩度仪　东北农业大学工程学院；电热式水浴锅　山东诸城市新旭东机械有限公司；AUY120 电子天平　日本岛津公司；pH

计 梅特勒-托利多仪器（上海）有限公司；PQ001 台式 NMR
分析仪 上海纽迈电子有限公司。

# 三、方法

## 1. 猪背最长肌的冷藏

2 个批次随机取回宰后冷却 24h 的猪背最长肌样本 60 个，
使用保鲜膜包裹后放置加有冰袋的保温箱中，1h 内运回实验
室。使用托盘包装方法放到（4±0.1）℃条件下的冰箱中冷藏
0～48h。

## 2. pH 测定

取猪背最长肌 5g，将肉样剪成碎末放于小烧杯中加入
45mL 蒸馏水，用匀浆机混匀后在室温静置 10min 左右，测定
pH。每组测定 5 次。

## 3. 色差的测定方法

使用色差计对猪背最长肌表面各个不同部位进行测定，标
准白色比色板为 $L^* = 96.87$，$a^* = -0.16$，$b^* = 1.88$。其中
$L^*$ 代表亮度值，$a^*$ 代表红度值，$b^*$ 代表黄度值。每组测定
5 次。

## 4. 蒸煮损失

参考 Choi[11] 等人的方法并加以改进。将不同冷藏时间和温
度下的猪背最长肌在 75℃ 水中煮制 30min。捞出放入流水中冷
却中心温度至室温。蒸煮损失按式(1) 计算，每组测定 5 次。

$$蒸煮损失＝(m_1-m_2)/m_1×100\% \qquad (1)$$

式中，$m_1$ 为蒸煮前猪背最长肌质量；$m_2$ 为蒸煮后猪背最长肌质量。

### 5. 冷藏损失

冷藏损失率按式（2）计算，每组测定 5 次。

$$冷藏损失＝(m_1-m_2)/m_1×100\% \qquad (2)$$

式中，$m_1$ 为冷藏前猪背最长肌质量；$m_2$ 冷藏后猪背最长肌质量。

### 6. 剪切力的测定

使用 C-LM$_4$ 数显式肌肉嫩度仪来测定猪背最长肌的剪切力。先顺着肌原纤维方向切成 1cm 高，约 1cm 宽的长方体肉柱。用剪切仪沿垂直肌原纤维方向纵向剪切肉柱，记下剪切力值，每组测定 5 次。

### 7. NMR 自旋-自旋弛豫时间 （$T_2$） 测量

应用 PQ001 台式 NMR 分析仪进行 NMR 自旋-自旋弛豫时间的测量。称取质量为 2g 左右的猪背最长肌放入直径为 15mm 的核磁管后放入分析仪中。测量温度为 32℃，质子共振频率为 22.6MHz。参数如下：$\tau$ 值（90°脉冲和 180°脉冲之间的时间）为 200$\mu$s。重复扫描 32 次，重复间隔时间为 6.5s，得到 12000 个回波，每个测试至少 5 次。

### 8. 数据处理

本实验所有处理重复 5 次。应用软件 SPSSv.18.0（SPSS Inc.，USA）进行统计分析，使用单因素方差分析（ANOVA）

的方法对数据进行分析，当 $p < 0.05$ 时认为组间存在显著差异。

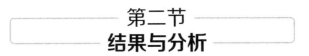

## 一、冷藏时间对冷却猪背最长肌 pH 的影响

新鲜肉 pH 范围一般在 $5.8 \sim 6.6$[12]。由图 4-1 可知，不同冷藏时间对猪背最长肌 pH 有影响。4℃冷藏 12h 时，pH 显著增加（$p < 0.05$），24h 以后差异不显著（$p > 0.05$）。这是因为随着冷藏时间的延长，肌肉中的内源酶和微生物分泌物对蛋白质的分解作用，肌肉蛋白质降解成多肽和氨基酸，并将碱性

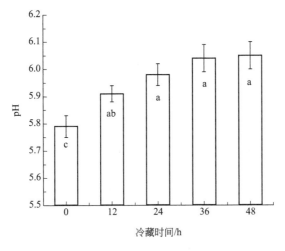

图 4-1　不同冷藏时间对猪背最长肌 pH 的影响

基团释放出来，从而使肌肉的 pH 升高，这与肌肉宰后变化规律一致[13]。

## 二、冷藏时间对冷却猪被最长肌色差的影响

由表 4-1 可知，不同冷藏时间对猪背最长肌的色泽影响显著。冷藏 24h，$L^*$ 值在 4℃变化不显著（$p > 0.05$），36h 时显著（$p < 0.05$）增加；而 48h 变化不显著（$p > 0.05$）。24h 以后 $L^*$ 值逐渐增大，这是因为随着时间的延长，肌肉内部水分渗出到肉块表面聚积，对光的反射能力增强，亮度增加[14]。$a^*$ 值冷藏 12h 时显著（$p < 0.05$）增大，24~36h 时变化不显著（$p > 0.05$），48h 显著减小。$a^*$ 值变化主要和肉中血红蛋白及肌红蛋白相关，肌红蛋白与氧结合生成鲜红色的氧合肌红蛋白，随着时间延长，氧合肌红蛋白被氧化成高铁肌红蛋白，使红色度减小或趋于稳定[15]。$b^*$ 值冷藏 12h 时显著（$p < 0.05$）增大，24h 时变化不显著（$p > 0.05$），36h 和 48h 时显著（$p < 0.05$）增大。可能由于表面微生物代谢产物与肌红蛋白和氧结合形成硫化肌红蛋白，在光线作用下硫化肌红蛋白会使肌肉的黄度升高[16]。

表 4-1　不同冷藏时间对猪背最长肌色差（$L^*$，$a^*$，$b^*$ 值）的影响

| 冷藏时间/h | $L^*$ 值 | $a^*$ 值 | $b^*$ 值 |
| --- | --- | --- | --- |
| 0 | 49.87±1.02[b] | 6.95±0.31[c] | 3.78±0.22[d] |
| 12 | 49.07±1.06[b] | 7.26±0.29[bc] | 5.70±0.27[c] |
| 24 | 48.97±0.87[b] | 9.23±0.26[a] | 5.72±0.30[c] |
| 36 | 50.08±1.12[a] | 9.42±0.27[a] | 6.13±0.31[b] |
| 48 | 52.56±1.07[a] | 7.88±0.26[b] | 6.83±0.24[a] |

注：每个值是平均值±SD，$n = 5$。不同字母表示存在显著差异（$p < 0.05$）。

## 三、冷藏时间对冷却猪背最长肌冷藏损失和蒸煮损失的影响

由表 4-2 可知，不同冷藏时间对猪背最长肌冷藏损失和蒸煮损失影响显著。冷藏损失随着冷藏时间的增加而显著（$p<0.05$）增大，这是因为随着冷藏时间增加，蛋白质降解，造成水分流失。也有可能在长时间冷藏过程中，猪背最长肌由于自身重量的原因，也会造成水分流失[17]。Bowker[18]等报道了随着储藏时间的延长，肉样滴水损失显著增加。

表 4-2　不同冷藏时间对猪背最长肌冷藏损失、蒸煮损失和剪切力的影响

| 冷藏时间/h | 冷藏损失/% | 蒸煮损失/% | 剪切力/N |
| --- | --- | --- | --- |
| 0 | 0.15±0.06e | 23.23±0.85c | 18.52±0.63a |
| 12 | 2.01±0.16d | 25.63±0.92b | 17.63±0.70a |
| 24 | 3.23±0.15c | 25.80±0.86b | 16.32±0.67b |
| 36 | 3.89±0.17b | 28.24±0.72a | 16.03±0.68b |
| 48 | 5.45±0.18a | 29.08±0.76a | 15.85±0.66b |

注：每个值是平均值±SD，$n=5$。不同字母表示存在显著差异（$p<0.05$）。

蒸煮损失是冷却肉在蒸煮过程汁液（液体和可溶性物质）流失的情况，也经常用来表达肌肉的持水能力。随着猪背最长肌成熟时间延长，肌纤维微观结构发生降解，保水能力逐渐下降。蒸煮损失随着时间的增加而显著（$p<0.05$）增大，但在12h 和 24h，36 和 48h 时差异不显著（$p>0.05$）。严维凌等[19]报道了宰后 24～30h 阶段蒸煮损失率上升显著趋势，直至宰后48h 时才出现下降的趋势。

## 四、冷藏时间对冷却猪被最长肌剪切力的影响

剪切力可以直接反应猪背最长肌的嫩度，剪切力变小嫩度增加，反之嫩度减小。由表 4-2 可知，不同冷藏时间对猪背最长肌剪切力影响显著。剪切力随着冷藏时间的增加呈下降趋势，冷藏 12h 时变化不显著（$p > 0.05$），12h 以后显著（$p < 0.05$）减小，但 24h、36h 和 48h 之间变化不显著（$p > 0.05$）。随着时间的延长猪背最长肌在成熟的过程中，肌肉的 pH 提高，嫩度增加，剪切力减小[18]。李诚等[20]也报道了猪宰后 24h 后，随着时间的延长，剪切力变小。

## 五、NMR 质子弛豫分析

NMR 质子自旋-自旋弛豫时间（$T_2$）和峰面积比例能够用来反映冷却肉中水分的分布和迁移[21]。本试验中 NMR 质子自旋-自旋弛豫时间共出现 3 个特征峰：$T_{2b}$、$T_{21}$ 和 $T_{22}$（表4-3），$T_{2b}$ 的起始弛豫时间在 $0 \sim 10ms$ 之间，表示冷却肉中与蛋白质等大分子结合的水分子和部分肌内脂肪中的水分子，定义为结合水；$T_{21}$ 的起始弛豫时间在 $20 \sim 100ms$ 之间，表示冷却肉肌纤维内和肌纤维间结合较紧密的水分子，定义为束缚水；$T_{22}$ 的起始弛豫时间在 $350 \sim 600ms$ 之间，表示冷却肉中能够自由流动的水分，为自由水[22]。随着冷藏时间的延长，$T_{2b}$ 的起始弛豫时间呈增加的趋势，24h 内差异不显著（$p > 0.05$），表明冷藏时间对结合水的影响较小，36h 后显著提高（$p < 0.05$），说明水分子与底物结合松散，但 36h 和 48h 时差

异不显著（$p > 0.05$）[23]。$T_{21}$ 和 $T_{22}$ 的起始弛豫时间随着冷藏时间的增加而显著增大（$p < 0.05$），表明随着冷藏时间的延长，束缚水和自由水与肌肉的结合越来越松散[24]，水分子移动增强，这个结果与弛豫时间的峰面积比例的变化一致。由表4-4 可知，不同冷藏时间猪背最长肌中不同状态水的弛豫时间峰面积比例差异显著（$p < 0.05$）。延长冷藏时间，$T_{2b}$ 的峰面积比例显著增加（$p < 0.05$），但 0h 和 12h 时差异不显著（$p > 0.05$）。主要原因是冷藏损失增加，猪背最长肌中整体水分减少；随着成熟时间的延长，部分肌肉组织和结缔组织被降解，亲水基团暴露，结合水增加，增加猪背最长肌中结合水的比例[25]。$T_{21}$ 的峰面积比例随着冷藏时间的增加而显著降低（$p < 0.05$），而 $T_{22}$ 的峰面积比例显著增加（$p < 0.05$），但 0h 和 12h，36h 和 48h 时差异不显著（$p > 0.05$），表明猪背最长肌中束缚水含量降低，自由水含量升高，肌肉的保水性降低，这与冷藏损失和蒸煮损失的结果一致。NMR 弛豫结果表明，随着冷藏时间的增加，猪背最长肌的保水性降低。

表 4-3　不同冷藏时间对猪背最长肌弛豫时间的影响

| 冷藏时间/h | $T_{2b}$/ms | $T_{21}$/ms | $T_{22}$/ms |
| --- | --- | --- | --- |
| 0 | $0.15 \pm 0.06^b$ | $23.41 \pm 1.16^e$ | $402.25 \pm 4.85^e$ |
| 12 | $0.16 \pm 0.05^b$ | $26.05 \pm 1.26^d$ | $415.85 \pm 5.06^d$ |
| 24 | $0.16 \pm 0.05^b$ | $29.25 \pm 1.08^c$ | $471.13 \pm 5.27^c$ |
| 36 | $0.27 \pm 0.06^a$ | $56.92 \pm 1.25^b$ | $520.71 \pm 5.32^b$ |
| 48 | $0.32 \pm 0.05^a$ | $59.56 \pm 1.30^a$ | $591.38 \pm 5.38^a$ |

注：每个值是平均值±SD，$n = 5$。a～e 不同字母表示存在显著差异（$p < 0.05$）。

表 4-4　不同冷藏时间对猪背最长肌峰面积比例的影响

| 冷藏时间/h | $P_{2b}$ | $P_{21}$ | $P_{22}$ |
|---|---|---|---|
| 0 | $3.25\pm0.26^d$ | $95.63\pm0.61^a$ | $1.15\pm0.21^c$ |
| 12 | $3.53\pm0.30^d$ | $95.81\pm0.63^a$ | $1.03\pm0.20^c$ |
| 24 | $4.05\pm0.27^c$ | $94.32\pm0.56^{ab}$ | $1.69\pm0.18^b$ |
| 36 | $4.63\pm0.25^b$ | $92.93\pm0.55^c$ | $2.48\pm0.19^a$ |
| 48 | $5.12\pm0.26^a$ | $92.71\pm0.58^c$ | $2.61\pm0.21^a$ |

注：每个值是平均值±SD，$n=5$。不同字母表示存在显著差异（$p<0.05$）。

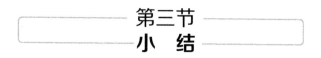

# 第三节
# 小　结

　　冷藏时间从 0h 到 48h，背最长肌的品质变化显著，冷藏损失和蒸煮损失显著增加（$p<0.05$）；剪切力呈降低趋势；12h 时 pH 显著提高（$p<0.05$），但 24h 到 48h 差异不显著（$p>0.05$）；$L^*$ 值在 24h 内差异不显著（$p>0.05$），24h 后显著提高。随着冷藏时间的增加，背最长肌中结合水和自由水比例升高，束缚水比例下降。综上所述，有效控制冷藏时间有利于保持猪背最长肌的品质。

## 参 考 文 献

[1]　孔保华，罗欣，彭增起，等. 肉制品工艺学 [M]. 哈尔滨：黑龙江科学技术出版社，2001.

[2]　田寒友，邹昊. 运输时间和温度对生猪应激和猪肉品质的影响 [J].

农业工程学报，2015，31（16）：284-288.

[3] 任小青，于弘慧，马俪珍. 利用 LF-NMR 研究猪肉糜冷藏过程中品质的变化 [J]. 食品研究与开发，2015（15）：120-123.

[4] 甄少波，刘奕忍，郭慧媛，等. 低场核磁共振分析猪肉宰后成熟过程中的水分变化 [J]. 食品工业科技，2017（22）.

[5] 张楠，庄昕波，黄子信，等. 低场核磁共振技术研究猪肉冷却过程中水分迁移规律 [J]. 食品科学，2017，38（11）：103-109.

[6] Ulbin-Figlewicz N, Jarmoluk A. Effect of low-pressure plasma treatment on the color and oxidative stability of raw pork during refrigerated storage [J]. Food Science & Technology International，2016，22（4）：313-324.

[7] Christensen L, Bertram H C, Aaslyng M D, et al. Protein denaturation and water—protein interactions as affected by low temperature long time treatment of pork longissimus dorsi [J]. Meat Science，2011，88（4）：718-722.

[8] Shao J, Deng Y, Song L, et al. Investigation the effects of protein hydration states on the mobility water and fat in meat batters by LF-NMR technique [J]. Lwt-Food Science and Technology，2016：1-6.

[9] Zhu Han, O'Farrell M, Hansen E W, et al. The potential for predicting purge in packaged meat using low-field NMR. Journal of Food Engineering，2017，206：98-105.

[10] Straadt, I. K., Rasmussen, et al. Aging-induced changes in microstructure and water distribution in fresh and cooked pork in relation to water-holding capacity and cooking loss e a combined confocal laser scanning microscopy (CLSM) and low-field nuclear magnetic resonance relaxation study. Meat Science，2007，75（4），687-695.

[11] Choi E J, Park H W, Chung Y B, et al. Effect of tempering methods on quality changes of pork loin frozen by cryogenic immersion [J]. Meat Science，2017，124：69-76.

[12] 尹忠平，夏延斌，李智峰，等. 冷却猪肉 pH 变化与肉汁渗出率的关

系研究 [J]. 食品科学，2005，26（7）：86-88.

[13] 张瑞宇，周文斌. 不同生肉品质比较及冷却肉品质形成机理探析 [J]. 渝州大学学报，2001，18（4）：16-20.

[14] Wulf D M, Wise J W. Measuring muscle color on beef carcasses using the $L^* a^* b^*$ color space [J]. Journal of Animal Science, 1999, 77: 2418-2427.

[15] Norman J L, Berg E P, Heymann H, et al. Pork loin color relative to sensory and instrumental tenderness and consumer acceptance [J]. Meat Science, 2003, 65 (2): 927-933.

[16] 石水云. 共轭亚油酸对肉鸡生长、胴体品质及免疫的影响 [D]. 合肥：安徽农业大学，2006.

[17] 张英华. 肉的品质及其相关质量指标 [J]. 食品研究与开发，2005，26（1）：39-42.

[18] Bowker B, Zhuang H. Water-holding capacity of broiler breast muscle during the first 24h postmortem [J]. Meat Science, 2014, 96 (1): 474-479.

[19] 严维凌，谢志镭，孙佳奇，等. 工厂实测猪白条肉在冷却贮存过程中的品质指标变化 [J]. 中国食品学报，2013，13（4）：245-250.

[20] 李诚，谢婷，付刚，等. 猪肉宰后冷却成熟过程中嫩度指标的相关性研究 [J]. 食品科学，2009，30（17）：163-166.

[21] Weiss J, Gibis M, Schuh V, et al. Advances in ingredient and processing systems for meat and meat products [J]. Meat Science, 2010, 86, 196-213.

[22] Zhuang-Li Kang, Bin Li, Han-Jun Ma, et al. Effect of different processing methods and salt content on the physicochemical and rheological properties of meat batters [J]. International Journal of Food Properties, 2016, 19: 1604-1615.

[23] Bertram H C, Wu Z, Van B F et al. NMR relaxometry and differential scanning calorimetry during meat cooking [J]. Meat Science, 2006, 74 (4): 684-689.

[24] 庞之列,何栩晓,李春保. 一种基于 LF-NMR 技术的不同含水量猪肉检测方法研究 [J]. 食品科学,2014,35 (4):142-145.

[25] 黄子信,吴美丹,周光宏,等. 低场核磁共振测定鲜猪肉中水分分布的制样方法 [J]. 食品安全质量检测学报,2017,8 (6):2006-2011.

# 第五章

# 冷藏温度对猪背最长肌品质的影响

为了提高冷却肉的品质，许多学者对宰前和宰后各个环节进行了研究。如田寒友[1]等研究了为防止生猪运输应激改变猪肉品质，运输时间应小于 6h，温度为 10～20℃，该研究对屠宰行业提高猪肉品质提供了参考。肖虹[2]等报道了储藏温度越高，时间越长，对冷却肉的品质影响越大。袁先群[3]报道了微生物的生长和猪肉品质与温度的关系，提高了冷却肉的品质，为肉品的安全性提供了保障。董庆利[4]等构建了不同储藏温度下冷却猪肉货架期的预测模型，为冷却肉的销售提供了科学指导。

冷藏温度和时间是影响猪肉品质最重要的因素，直接影响了冷却肉的储藏期。控制冷却肉的冷藏时间和温度不仅可以保证肉品的品质以及货架期，还可以减少企业运输能耗，降低冷却肉成本，带来更多的经济效益。所以，本试验研究不同冷藏时间和温度对猪背最长肌品质的影响，旨在为企业冷链运输过程中温度的控制和时间的选择提供理论支持。

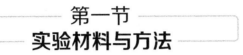

# 第一节
# 实验材料与方法

## 一、材料

宰后冷却 24h 的猪背最长肌（购于众品集团）。

## 二、设备

CR-40 色差计　日本美能达公司；PQ001 台式 NMR 分析仪　上海纽迈电子有限公司；C-LM$_4$ 数显式肌肉嫩度仪　东北农业大学工程学院；电热式水浴锅　山东诸城市新旭东机械有限公司；AUY120 电子天平　日本岛津公司；pH 计　梅特勒-托利多仪器（上海）有限公司。

## 三、方法

### 1. 试验设计

2 个批次随机取回宰后冷却 24h 的猪背最长肌样本 60 个，使用保鲜膜包裹后放置加有冰袋的泡沫保温箱中，1h 内运回实验室。将猪背最长肌切成（100±5)g 的肉块，使用托盘包装分别放到 0℃、4℃和 8℃条件下的冰箱中。

## 2. pH 值测定

取猪背最长肌 5g，将肉样剪成碎末放于小烧杯中加入 45mL 蒸馏水，用匀浆机混匀后在室温静置 10min 左右，测定 pH 值。每组测定 5 次。

## 3. 色差的测定方法

使用色差计对猪背最长肌表面各个不同部位进行测定，标准白色比色板为 $L^* = 96.87$，$a^* = -0.16$，$b^* = 1.88$。不同食盐添加量和蒸煮温度的样品测定 5 次。其中 $L^*$ 代表亮度值，$a^*$ 代表红度值，$b^*$ 代表黄度值。每组测定 5 次。

## 4. 蒸煮损失

将不同冷藏时间和温度下的猪背最长肌在 75℃ 水中煮制 30min。捞出放入流水中冷却中心温度至室温。

蒸煮损失为猪背最长肌蒸煮前质量与蒸煮后质量的差和蒸煮前质量的百分比。蒸煮损失按以下公式计算：

蒸煮损失＝(蒸煮前猪背最长肌质量－蒸煮后猪背最长肌质量)/蒸煮前猪背最长肌质量×100％

每组测定 5 次。

## 5. 冷藏损失

冷藏损失为猪背最长肌冷藏前质量与冷藏后质量的差和冷藏前质量的百分比。冷藏损失按以下公式计算：

冷藏损失＝(冷藏前猪背最长肌质量－冷藏后猪背最长肌质量)/冷藏前猪背最长肌质量×100％

每组测定 5 次。

### 6. 剪切力的测定

使用 C-LM$_4$ 数显式肌肉嫩度仪来测定猪背最长肌的剪切力。先顺着肌原纤维方向切成 1cm 高，约 1cm 宽的长方体肉柱。肉柱个数不少于 5 个。用剪切仪沿垂直肌原纤维方向纵向剪切肉柱，记下剪切力值，多次计算求平均值。每批次挑选 5 个样品进行测量，每组测定 5 次。

### 7. NMR 自旋-自旋弛豫时间（$T_2$）测量

称取质量为 2g 左右的猪背最长肌放入直径为 15mm 的核磁管后放入分析仪中。测量温度为 32℃，质子共振频率为 22.6MHz。参数如下：$\tau$ 值（90°脉冲和 180°脉冲之间的时间）为 200$\mu$s。重复扫描 32 次，重复间隔时间为 6.5s，得到 12000 个回波，每个测试至少 5 次。

### 8. 统计方法

本实验所有处理重复 5 次。应用软件 SPSS v. 18.0（SPSS Inc.，USA）进行统计分析，使用单因素方差分析（ANOVA）的方法对数据进行分析，当 $p < 0.05$ 时认为组间存在显著差异。

<br>

## 第二节
## 结果与分析

<br>

## 一、pH 值

新鲜肉 pH 值范围一般在 5.8～6.6[5]。由图 5-1 可知，不同冷藏时间和温度对猪背最长肌 pH 值有影响。在大多数相同时间下，pH 值随着温度的升高而显著（$p < 0.05$）升高，但冷藏 24h 时 4℃和 8℃差异不显著（$p > 0.05$）。这可能是因为随着温度的升高，猪背最长肌表面微生物繁殖速度增强，代谢产物使 pH 值升高或者与蛋白质水解有关[6]。何帆[7]等报道了储藏温度越高，肌肉的 pH 值也越高。0℃冷藏到 36h 时，pH 值变化不显著（$p > 0.05$），而 36h 以后 pH 值显著（$p < 0.05$）升高。4℃冷藏 24h 时，pH 值显著增加，24h 以后差异不显著（$p > 0.05$），8℃冷藏 12h，pH 值显著升高（$p < 0.05$），12h 到 36h pH 值变化不显著（$p > 0.05$），冷藏 36h 后，pH 值显著（$p < 0.05$）升高。这是因为随着冷藏时间的延长，肉中的内源酶和微生物分泌物对蛋白质进行分解，肌肉蛋白质降解成多肽和氨基酸，并将碱性基团释放出来，从而使肉的 pH 值回升，这与肌肉宰后变化规律一致[8]；许多骨架蛋白被组织蛋白酶降解使 pH 值升高[9]。李苗云等[10]也报道了随着时间的延长 pH 值增加。

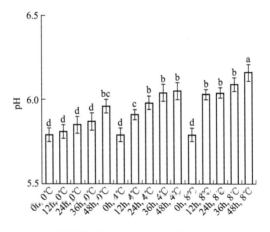

图 5-1　不同冷藏时间和温度下猪背最长肌的 pH 值

## 二、色差

表 5-1　不同冷藏时间和温度对猪背最长肌色差的影响

| 样品名称 | | $L^*$ 值 | $a^*$ 值 | $b^*$ 值 |
|---|---|---|---|---|
| | 0h | $49.87\pm1.02^b$ | $6.95\pm0.31^c$ | $3.78\pm0.22^d$ |
| | 12h | $49.69\pm0.95^b$ | $7.74\pm0.28^b$ | $5.37\pm0.26^c$ |
| 0℃ | 24h | $49.85\pm1.10^b$ | $9.41\pm0.32^a$ | $5.41\pm0.31^c$ |
| | 36h | $49.19\pm0.91^b$ | $9.80\pm0.30^a$ | $5.71\pm0.26^c$ |
| | 48h | $52.42\pm1.06^a$ | $9.58\pm0.27^a$ | $6.29\pm0.26^b$ |
| | 0h | $49.87\pm1.02^b$ | $6.95\pm0.31^c$ | $3.78\pm0.22^d$ |
| | 12h | $49.07\pm1.06^b$ | $7.26\pm0.29^{bc}$ | $5.70\pm0.27^c$ |
| 4℃ | 24h | $48.97\pm0.87^b$ | $9.23\pm0.26^a$ | $5.72\pm0.30^c$ |
| | 36h | $50.08\pm1.12^{ab}$ | $9.42\pm0.27^a$ | $6.13\pm0.31^{bc}$ |
| | 48h | $52.56\pm1.07^a$ | $7.88\pm0.26^b$ | $6.83\pm0.24^b$ |
| | 0h | $49.87\pm1.02^b$ | $6.95\pm0.31^c$ | $3.78\pm0.22^d$ |
| | 12h | $50.41\pm0.96^{ab}$ | $8.96\pm0.28^a$ | $5.32\pm0.29^c$ |
| 8℃ | 24h | $52.06\pm0.94^a$ | $9.20\pm0.29^a$ | $6.58\pm0.26^b$ |
| | 36h | $51.05\pm0.92^{ab}$ | $7.29\pm0.25^{bc}$ | $7.05\pm0.29^{ab}$ |
| | 48h | $51.90\pm0.87^a$ | $6.90\pm0.29^c$ | $7.67\pm0.29^a$ |

注：每个值是平均值±SD，$n=5$。a~d不同字母表示存在显著差异（$p<0.05$）。

由表 5-1 可知，不同冷藏时间和温度对猪背最长肌的色差影响显著。冷藏 12h 和 24h，$L^*$ 在 0℃ 和 4℃ 变化不显著（$p>0.05$），8℃ 时显著（$p<0.05$）增加；冷藏 36h 时，4℃ 和 0℃ 相比显著（$p<0.05$）增加；而 48h 变化不显著（$p>0.05$）。$a^*$ 值冷藏 12h 显著（$p<0.05$）增大，24h 变化不显著（$p>0.05$），36h 时 0℃ 和 4℃ 变化不显著（$p>0.05$），8℃

时显著减小；48h 显著减小。$b^*$ 值冷藏 12h 变化不显著（$p>$0.05）；冷藏 24h，0℃和 4℃变化不显著（$p>0.05$），8℃时显著（$p<0.05$）增加；36h 和 48h 随着温度升高显著（$p<0.05$）增大。0℃冷藏 36h，$L^*$ 值变化不显著（$p>0.05$），冷藏 48h，$L^*$ 值显著（$p<0.05$）升高。4℃冷藏 24h，$L^*$ 值变化不显著（$p>0.05$），冷藏 36h，$L^*$ 值显著（$p<0.05$）升高，在 48h 时 $L^*$ 值最大为 52.56。8℃冷藏 12h，$L^*$ 值显著（$p<0.05$）升高。0℃冷藏 12h 到 24h 时，$a^*$ 值显著（$p<0.05$）升高，之后 $a^*$ 值保持稳定。4℃冷藏 12h 到 36h 时，$a^*$ 值显著（$p<0.05$）升高，冷藏 48h 时，$a^*$ 值显著（$p<0.05$）下降。8℃冷藏 12h 时，$a^*$ 值显著（$p<0.05$）升高，冷藏 36h 和 48h 时，$a^*$ 值显著（$p<0.05$）下降。$a^*$ 值变化主要和肉中血红蛋白及肌红蛋白相关，肌红蛋白与氧结合生成鲜红色的氧合肌红蛋白，随着时间延长，氧合肌红蛋白被氧化成高铁肌红蛋白，使红色度减小或趋于稳定[11,12]。0℃冷藏 12h 到 36h 时，$b^*$ 值差异不显著（$p>0.05$），之后 $b^*$ 值显著（$p<0.05$）升高。4℃冷藏 12h 和 24h 时，$b^*$ 值变化不显著（$p>0.05$），冷藏 36h 时 $b^*$ 值显著（$p<0.05$）升高。8℃冷藏时，$b^*$ 值显著（$p<0.05$）升高，在 48h 时达到最大值。可能由于表面微生物代谢产物与肌红蛋白和氧结合形成硫化肌红蛋白，在光线作用下硫化肌红蛋白会使肉的黄度升高。

## 三、蒸煮损失

由图 5-2 可知，不同冷藏时间和温度对猪背最长肌蒸煮损失影响显著。在相同时间下，蒸煮损失随着温度的升高而显著

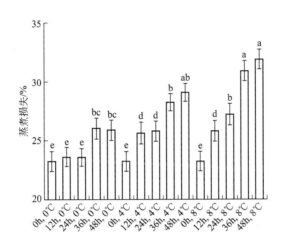

图 5-2 不同冷藏时间和温度下猪背最长肌的蒸煮损失

（$p < 0.05$）升高，但冷藏 12h 时 4℃ 和 8℃ 差异不显著（$p > 0.05$）。这是可能因为随着温度的升高导致肌纤维收缩，形成更致密的蛋白结构，增加水分流失。8℃ 冷藏时，蒸煮损失随着时间的增加而显著（$p < 0.05$）升高，而 36h 和 48h 时差异不显著（$p > 0.05$）。4℃ 冷藏 12h 和 24h 时，蒸煮损失增加，但两者的差异不显著（$p > 0.05$），36h 以后，蒸煮损失显著升高。0℃ 冷藏 24h，蒸煮损失变化不显著（$p > 0.05$），冷藏 36h 后，蒸煮损失显著升高。由于随着冷却肉成熟时间延长时，肌纤维微观结构发生降解，保水能力逐渐下降。严维凌也报道了宰后 24～30h 阶段蒸煮损失率上升显著趋势。

## 四、冷藏损失

由图 5-3 可知，不同冷藏时间和温度对猪背最长肌冷藏损

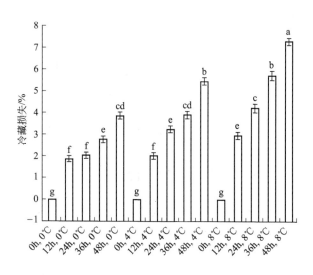

图 5-3　不同冷藏时间和温度下猪背最长肌的冷藏损失

失影响显著。在相同时间下，冷藏损失随着温度的升高而显著
（$p < 0.05$）增大，当冷藏 12h 时 0℃和 4℃差异不显著（$p >$
0.05）。可能因为温度升高，更适宜微生物利用肉中的蛋白
质等营养物质生长，降解肉中结合水的物质，结构组织破
坏，系水力下降，冷藏损失增加。0℃、4℃、8℃冷藏时，
大多数情况下冷藏损失显著（$p < 0.05$）增加，但是 0℃冷
藏时 12h 和 24h 变化不显著（$p > 0.05$）。因为随着时间增
加，蛋白质降解，造成水分流失。也有可能是在长时间冷藏
过程中，冷却肉受到的剧烈的碰撞和挤压也随之增加，会造
成大量的水分流失[13]。Bowker 等报道了时间对猪肉的滴水
损失的影响：随着储藏时间的延长，肉样滴水损失显著增
加。Kristensen 等[14]也研究表明猪肉成熟过程中，其持水力
有下降的趋势。

# 五、剪切力

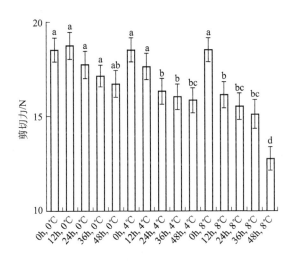

图 5-4　不同冷藏时间和温度下猪背最长肌的剪切力

由图 5-4 可知，大多数情况下，不同冷藏时间和温度对猪背最长肌剪切力影响显著。在相同时间下，剪切力随着温度的升高而显著（$p < 0.05$）减小。可能由于温度高加快了肌肉中蛋白分解成较小单位，肌纤维结构变化造成肌肉松软，剪切力减小，嫩度增强。0℃冷藏 36h 变化不显著，48h 剪切力显著减小。4℃冷藏 12h 变化不显著（$p > 0.05$），12h 和 24h 之间显著（$p < 0.05$）减小，但是 24h 和 36h 之间变化不显著（$p > 0.05$）。8℃冷藏时剪切力显著（$p < 0.05$）减小，24h 和 36h 之间变化不显著（$p > 0.05$）。随着时间的延长，冷却肉在成熟的过程中，肌肉的嫩度提高，剪切力减小。8℃时冷藏 48h 时，剪切力最小值为 12.76N。

# 第三节
## 小 结

温度从 0℃ 增加至 8℃，猪背最长肌的 pH 值、冷藏损失、蒸煮损失显著（$p < 0.05$）升高，剪切力值显著（$p < 0.05$）下降。在相同温度下，8℃ 冷藏 48h 时，猪背最长肌的 pH 值、冷藏损失、蒸煮损失、$b^*$ 值最大；4℃ 冷藏 48h 时，猪背最长肌的 $L^*$ 值最大；0℃ 冷藏 12h 时剪切力最大，36h 时 $a^*$ 值最大。由以上结果可得，有效控制冷藏时间和温度可以提高猪背最长肌的品质。

## 参考文献

[1] 田寒友，邹昊. 运输时间和温度对生猪应激和猪肉品质的影响 [J]. 农业工程学报，2015，31（16）：284-288.

[2] 肖虹，谢晶. 等. 不同贮藏温度下冷却肉品质变化的实验研究 [J]. 制冷学报，2009，30（3）：40-45.

[3] 袁先群，贺稚非. 不同贮藏温度托盘包装冷鲜猪肉的品质变化 [J]. 食品科学，2012，33（6）：264-268.

[4] 董庆利，曾静. 不同贮藏温度下冷却猪肉货架期预测模型的构建 [J]. 食品科学，2012，33（20）：304-308.

[5] 尹忠平，夏延斌，李智峰，等. 冷却猪肉 pH 变化与肉汁渗出率的关系研究 [J]. 食品科学，2005，26（7）：86-88.

[6] 易倩. 低温贮藏对川式腊肉风味品质的影响研究 [D]. 重庆：西南大学，2011.

[7] 何帆，徐幸莲，周光宏. 不同包装条件下冷却猪肉品质特征指标及动

态模型研究 [J]. 食品科学，2010，31（24）：473-477.

[8] 张瑞宇，周文斌. 不同生肉品质比较及冷却肉品质形成机理探析 [J]. 渝州大学学报，2001，18（4）：16-20.

[9] 李兰会，孙丰梅，黄娟，等. 宰后肉品 pH 值与嫩度 [J]. 肉类工业，2006（12）：28-30.

[10] 李苗云，张秋会，高晓平，等. 冷却猪肉贮藏过程中腐败品质指标的关系研究 [J]. 食品与发酵工业，2008，34（7）：168-171.

[11] 张金枝，刘小锋，赵晓枫. 等. 猪肉颜色与其他肉质和胴体指标间的相关性研究 [J]. 浙江大学学报：农业与生命科学版，2007，33（6）：663-666.

[12] Norman J L, Berg E P, Heymann H, et al. Pork loin color relative to sensory and instrumental tenderness and consumer acceptance [J]. Meat Science, 2003, 65（2）：927-933.

[13] 张英华. 肉的品质及其相关质量指标 [J]. 食品研究与开发，2005，26（1）：39-42.

[14] Kristensen L, Purslow P P. The effect of ageing on the water-holding c apacity of pork：role of cytoskeletal proteins [J]. Meat Science, 2001, 58（1）：17-23.

# 第六章

# 温度波动对冷却肉品质的影响

　　冷藏温度在运输和保藏过程中会发生波动，影响冷却肉品质。目前对于冷却肉的保藏主要从微生物、保鲜剂、包装技术、冷藏温度等方面进行研究[1]。而温度波动对于冷却肉的色泽、pH 等品质所产生的影响是不可忽视的，但是关于温度波动对冷却肉的品质影响目前报道相对较少。因此，本试验主要研究冷藏条件下温度波动对冷却肉品质和保水性的变化，为冷却肉在冷藏过程中的品质控制提供理论支持。

## 第一节
## 实验材料和方法概论

## 一、材料

　　宰后冷却 24h 的猪背最长肌（购于众品集团）。

## 二、设备

CR-400 色差计，日本美能达公司；PQ001 台式 NMR 分析仪，上海纽迈电子有限公司；C-LM$_4$ 数显式肌肉嫩度仪，东北农业大学工程学院；电热式水浴锅，山东诸城市新旭东机械有限公司；AUY120 电子天平，日本岛津公司；pH 计，梅特勒-托利多仪器（上海）有限公司。

## 三、方法

### 1. 猪背最长肌的冷藏

2 个批次随机取回宰后冷却 24h 的猪背最长肌样本 120 个（60 头猪），使用保鲜膜包裹后放置在加有冰袋的泡沫保温箱中，1h 内运回实验室。将猪背最长肌切成（100±5)g 的肉块，使用托盘包装，分别冷藏于 0～4℃（0℃和 4℃各轮流冷藏 2h，共 72h），4℃（共 72h）和 4～8℃（4℃和 8℃各轮流冷藏 2h，共 72h）。

### 2. pH 测定

取猪背最长肌 5g，将肉样剪成碎末放于小烧杯中加入 45mL 蒸馏水，用匀浆机混匀后在室温静置 10min 左右，测定 pH。每组测定 5 次。

### 3. 冷藏损失

冷藏损失按式(1)计算，每组测定 5 次。

$$冷藏损失＝(m_1-m_2)/m_1×100\% \qquad (1)$$

式中，$m_1$ 为冷藏前猪背最长肌质量；$m_2$ 为冷藏后猪背最长肌质量。

## 4. 蒸煮损失

将猪背最长肌在 75℃ 水中煮制 30min。捞出放入流水中冷却中心温度至室温。蒸煮损失按式（2）计算，每组测定 5 次。

$$蒸煮损失＝(m_1-m_2)/m_1×100\% \qquad (2)$$

式中，$m_1$ 为蒸煮前猪背最长肌质量；$m_2$ 为蒸煮后猪背最长肌质量。

## 5. 色差的测定方法

使用色差计对猪背最长肌表面不同部位进行测定，标准白色比色板为 $L^*=96.86$，$a^*=-0.15$，$b^*=1.87$。其中 $L^*$ 代表亮度值，$a^*$ 代表红度值，$b^*$ 代表黄度值。每组测定 5 次。

## 6. 剪切力的测定

使用 C-LM$_4$ 数显式肌肉嫩度仪来测定猪背最长肌的剪切力。先顺着肌原纤维方向切成 3cm×1.5cm×1.5cm 的长方体肉柱。用剪切仪沿垂直于肌原纤维的方向剪切肉柱，记下剪切力值，每组测定 5 次。

## 7. NMR 自旋-自旋弛豫时间（$T_2$）测量

称取质量为 2g 左右的猪背最长肌放入直径为 15mm 的核磁管后放入 NMR 分析仪中。测量温度为 32℃，质子共振频率为 22.6MHz。参数如下：$\tau$ 值（90°脉冲和 180°脉冲之间的时间）为 200$\mu$s。重复扫描 32 次，重复间隔时间为 6.5s，得到

12000 个回波，每个测试至少 5 次。

## 8. 数据处理

本实验所有处理重复 5 次。应用软件 SPSS v. 18.0（SPSS Inc.，USA）进行统计分析，使用单因素方差分析（ANOVA）的方法对数据进行分析，当 $p < 0.05$ 时认为组间存在显著差异。

### 第二节
### 结果与分析

## 一、温度波动对冷却猪背最长肌 pH 的影响

pH 是反映屠宰后肌糖原酵解速率的重要指标，也是判断生理正常肉或异常肉（PSE 或 DFD 肉）的依据。屠宰后肌肉的 pH 下降速度和程度与肉质密切相关，下降速度快会产生 PSE 肉，影响肌肉的颜色、持水力、蒸煮损失[2]。通常冷却肉的一级鲜度 pH 为 5.8～6.2，二级鲜度 pH 为 6.3～6.6，而变质肉的 pH 则达到 6.7 以上[3]。温度波动对冷却猪背最长肌 pH 的影响如图 6-1 所示。在冷藏初期，肌肉的组织细胞仍然进行新陈代谢，肌糖原发生酵解，三磷酸腺苷（ATP）分解，分别产生乳酸、磷酸等酸性物质，导致肌肉的 pH 逐渐降低[4]。随着时间的推移，pH 整体呈现上升趋势，与李苗云[5]的研究结果一致。这是因为肉中的蛋白质在微生物和酶的作用下被分解为小分子的氨和胺类化合物等碱性物质[6]。在相同冷

藏时间下，0~4℃的 pH 最小，主要原因是随着温度的升高，氢键、疏水作用等化学键被破坏，蛋白质的立体结构崩塌，其酸性基团减少[7]，蛋白质被分解为小分子的氨和胺类化合物等碱性物质，造成 pH 升高。在 0~4℃温度波动区间时，微生物生长在一定程度中受到了抑制，所以碱性物质的生成相对较少，pH 的增大也相对较小[8]。而在 4~8℃这个温度波动区间中，微生物生长加快，在相同时间内碱性物质生成较多。在 0~4℃的温度波动中，随着时间的增长，pH 也显著升高（$p < 0.05$）。

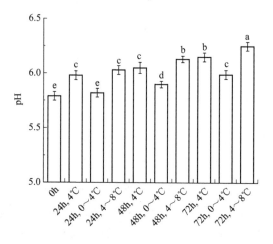

图 6-1　温度波动对冷却猪背最长肌 pH 的影响

## 二、温度波动对冷却猪背最长肌冷藏损失的影响

由图 6-2 可知，不同温度波动对猪背最长肌冷藏损失影响显著。冷藏损失随着温度升高而显著增大（$p < 0.05$），随着冷藏时间延长，冷藏损失也显著增大（$p < 0.05$），因为肌肉

中的蛋白质分子所带静电荷之间相互吸引可以将水分纳入蛋白质高分子网状结构的立体空间中，随着冷藏时间的延长，蛋白质降解，水分发生流失，肌肉产生冷藏损失。Bowker 等报道了随着冷藏时间的延长，肉样滴水损失显著增加。而在相同的冷藏时间中，0～4℃温度波动区间的冷藏损失相比于 4℃ 和 4～8℃ 的波动区间的冷藏损失最小。可能因为随着温度的增加和冷藏时间的延长，微生物繁殖速度较快，酶的活性增大[9]，导致蛋白质降解的程度也逐渐增大，所能吸附的水分也相应减少，水分流失增大。

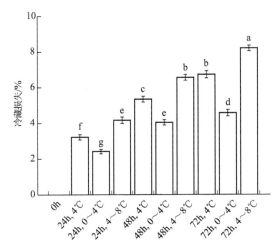

图 6-2  温度波动对冷却猪背最长肌冷藏损失的影响

## 三、温度波动对冷却猪背最长肌蒸煮损失的影响

肌肉的持水性是衡量冷却肉品质的主要指标。由图 6-3 可知，不同温度波动和冷藏时间下，蒸煮损失随着温度升高及冷藏时间的延长显著升高（$p < 0.05$）。在相同的冷藏时间下，

0~4℃的波动区间的蒸煮损失最小。温度越高，对肌纤维的影响越大；冷藏时间越长，肌纤维的变化越明显，肌纤维横向收缩是造成汁液流失通道变宽，保水能力下降的主要原因[10]。延长冷藏时间或者升高冷藏温度，肌肉自身的蛋白质结构产生了较大的破坏，造成蒸煮损失增加。

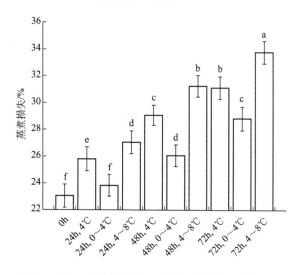

图 6-3　温度波动对冷却猪背最长肌蒸煮损失的影响

## 四、温度波动对冷却猪背最长肌色差的影响

表 6-1　温度波动对冷却猪背最长肌色差的影响

| 样品名称 | $L^*$值 | $a^*$值 | $b^*$值 |
| --- | --- | --- | --- |
| 0h | 49.87±1.02[ab] | 6.95±0.31[c] | 3.78±0.22[d] |
| 24h,4℃ | 48.97±0.87[c] | 9.23±0.20[a] | 5.72±0.30[c] |
| 24h,0~4℃ | 49.58±1.02[ab] | 8.26±0.30[a] | 4.46±0.30[c] |
| 24h,4~8℃ | 51.06±0.91[ab] | 9.12±0.27[a] | 6.21±0.28[b] |

| 样品名称 | $L^*$值 | $a^*$值 | $b^*$值 |
|---|---|---|---|
| 48h,4℃ | 52.56±1.07[a] | 7.88±0.26[b] | 6.83±0.24[b] |
| 48h,0~4℃ | 51.72±1.01[a] | 9.11±0.25[a] | 6.37±0.28[b] |
| 48h,4~8℃ | 52.75±0.96[a] | 7.73±0.31[c] | 7.37±0.27[a] |
| 72h,4℃ | 52.07±1.03[a] | 6.55±0.29[c] | 8.42±0.29[b] |
| 72h,0~4℃ | 52.33±0.97[a] | 7.37±0.28[b] | 7.05±0.25[b] |
| 72h,4~8℃ | 48.03±0.93[c] | 6.04±0.27[c] | 9.06±0.26[a] |

由表 6-1 可知，0~4℃冷藏时，随着时间的延长，$L^*$值在 0h 和 24h 时差异不显著（$p>0.05$），在 48h 时显著升高（$p<0.05$），而 48h 和 72h 时差异不显著（$p>0.05$）；4℃冷藏时，24h 时显著降低（$p<0.05$），48h 以后显著升高，而 48h 和 72h 时差异不显著（$p>0.05$）；4~8℃冷藏时，$L^*$值在 0h 和 24h 时差异不显著（$p>0.05$），在 48h 时显著升高（$p<0.05$），72h 时显著降低（$p<0.05$）。随着冷藏温度的升高，$L^*$值变化加快，因为冷藏温度较高，肌肉氧化速度加快，造成 $L^*$值在 72h 时显著降低。0~4℃冷藏时，$a^*$值在 24h 和 48h 时相比 0h 显著升高（$p<0.05$），但 24h 和 48h 之间差异不显著（$p>0.05$），72h 时显著降低（$p<0.05$），但显著高于 0h（$p<0.05$）；4℃冷藏，24h 和 48h 时 $a^*$值相比 0h 显著升高（$p<0.05$），且 24h 显著高于 48h，72h 时显著降低（$p<0.05$），与 0h 差异不显著（$p<0.05$）；4~8℃冷藏，$a^*$值的变化趋势与 4℃冷藏时一致，但 72h 时 $a^*$值更低。肌肉的 $a^*$值与高铁肌红蛋白含量相关[11]，较高温度下，$a^*$值变化较快，这是因为肌红蛋白与氧气结合生成氧合肌红蛋白和高铁肌红蛋白的速率加快[12]。胡胜杰[13]等研究表明 $a^*$值在冷藏 12h 时显著（$p<0.05$）增大，24~36h 时变化不显著，48h 以

后显著减小。随着冷藏时间的延长，$b^*$ 值显著升高（$p <$ 0.05）。高温加速 $b^*$ 值的升高，因为高温使肌肉表面微生物代谢加速，硫化肌红蛋白含量增加，造成 $b^*$ 值升高，肌肉品质下降。

## 五、温度波动对冷却猪背最长肌剪切力的影响

不同冷藏时间和温度波动对冷却肉剪切力影响较大（图 6-4），随着冷藏时间的延长，剪切力呈下降趋势。0～4℃ 冷藏，剪切力在 0h 和 24h 时差异不显著（$p > 0.05$），在 48h 和 72h 时相比 0h、24h 显著降低（$p < 0.05$），且两者差异不显著（$p > 0.05$）；4℃冷藏，剪切力在 0h 最大，在 24h、48h 和 72h 时呈下降趋势，但 24h 和 48h 时差异不显著（$p > 0.05$），72h 时最小；4～8℃冷藏，0h、24h、48h 和 72h 时差异显著（$p < 0.05$），随着时间的延长，剪切力显著下降（$p <$

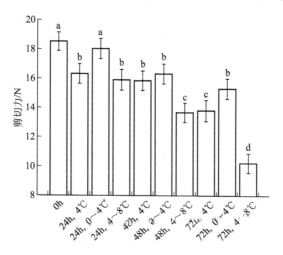

图 6-4　温度波动对冷却猪背最长肌剪切力的影响

0.05）。由图 6-4 可知，随着温度的升高，剪切力降低速度加快。因为在较高温度下，钙激活蛋白酶活性增加，加速了肌纤维中起连接、支架作用蛋白质的水解，引起细胞结构的弱化，造成肌肉松软，促使肉嫩度的增加[14,15]。延长冷藏时间，钙激活蛋白酶作用时间增加，也能够降低肌肉的剪切力[16]。

## 六、NMR 质子弛豫分析

NMR 质子自旋-自旋弛豫时间和峰面积比例能够用来反映冷却肉中水分的迁移和分布。表 6-2 表明 NMR 质子自旋-自旋初始弛豫时间共有 3 个特征峰：$T_{2b}$、$T_{21}$ 和 $T_{22}$。$T_{2b}$ 为结合水，表示肌肉中与蛋白质等大分子结合的水分子和部分肌内脂肪中的水分子，在 $0 \sim 10ms$ 之间；$T_{21}$ 为束缚水，表示肌纤维内和肌纤维间结合较紧密的水分子，$20 \sim 100ms$ 之间；$T_{22}$ 为自由水，表示冷却肉中能够自由流动的水分，在 $350 \sim 600ms$ 之间。随着冷藏时间的延长，$T_{2b}$ 的起始弛豫时间呈增加的趋势，0h 和 24h 时所用处理组差异不显著（$p > 0.05$），48h 时，4℃ 和 $4 \sim 8$℃ 处理组显著提高（$p < 0.05$），$4 \sim 8$℃ 处理组在 72h 时最高，表明温度波动对结合水的影响较大，特别是高温波动时。$T_{21}$ 和 $T_{22}$ 的起始弛豫时间随着温度的升高而显著增大（$p < 0.05$），束缚水和自由水与肌肉的结合越来越松散[17]，水分子移动增强。延长冷藏时间和温度波动能够使水分子与蛋白质等底物的结合越来越松散，加速水分的迁移。

由表 6-3 可知，温度波动对猪背最长肌的不同状态水的峰比例差异显著（$p < 0.05$），变化最大的主要是束缚水和自由水。随着冷藏时间的延长，所用处理组的束缚水比例降低，结合水和自由水比例增加，这与冷藏损失结果一致。因为冷藏时

表 6-2　温度波动对猪背最长肌的弛豫时间的影响

| 冷藏时间/h | $T_{2b}$/ms | $T_{21}$/ms | $T_{22}$/ms |
|---|---|---|---|
| 0h | 0.15±0.06[e] | 23.41±1.16[f] | 402.25±4.85[h] |
| 24h,4℃ | 0.16±0.05[e] | 29.25±1.08[e] | 471.13±5.27[g] |
| 24h,0~4℃ | 0.15±0.05[e] | 24.32±1.12[f] | 407.15±4.33[h] |
| 24h,4~8℃ | 0.26±0.04[e] | 34.23±1.27[d] | 536.33±5.08[f] |
| 48h,4℃ | 0.32±0.05[cd] | 59.56±1.30[c] | 591.38±5.38[d] |
| 48h,0~4℃ | 0.21±0.06[e] | 29.11±1.25[e] | 483.37±4.88[g] |
| 48h,4~8℃ | 0.97±0.06[b] | 77.73±1.31[b] | 687.55±5.27[b] |
| 72h,4℃ | 0.91±0.06[b] | 80.55±1.29[b] | 638.42±4.79[c] |
| 72h,0~4℃ | 0.43±0.07[c] | 58.30±1.48[c] | 577.05±5.25[e] |
| 72h,4~8℃ | 1.43±0.04[a] | 96.04±1.27[a] | 759.06±5.20[a] |

表 6-3　温度波动对猪背最长肌峰面积比例的影响

| 冷藏时间/h | $P_{2b}$ | $P_{21}$ | $P_{22}$ |
|---|---|---|---|
| 0h | 3.25±0.26[fg] | 95.63±0.61[a] | 1.15±0.21[f] |
| 24h,4℃ | 4.05±0.27[d] | 94.32±0.56[ab] | 1.69±0.18[e] |
| 24h,0~4℃ | 3.58±0.22[f] | 95.26±0.60[a] | 1.14±0.20[f] |
| 24h,4~8℃ | 5.06±0.19[b] | 93.12±0.57[c] | 1.91±0.18[e] |
| 48h,4℃ | 5.12±0.26[b] | 92.71±0.58[c] | 2.61±0.21[d] |
| 48h,0~4℃ | 4.22±031[d] | 93.11±0.52[c] | 2.56±0.18[d] |
| 48h,4~8℃ | 5.75±0.26[a] | 90.03±0.55[d] | 4.30±0.17[b] |
| 72h,4℃ | 5.57±0.25[a] | 91.25±0.59[d] | 3.22±0.19[c] |
| 72h,0~4℃ | 4.83±0.17[bc] | 91.73±0.58[d] | 3.45±0.20[c] |
| 72h,4~8℃ | 5.69±0.23[a] | 87.04±0.57[f] | 7.16±0.21[a] |

间增加，部分肌肉组织和结缔组织被降解，亲水基团暴露，增加了结合水的比例[18,19]。由于肌肉结构被破坏，蛋白质和水分之间的作用力、毛细管力等降低，部分水分被挤出肌肉组

织，增加自由水的比例。在相同冷藏时间下，波动温度升高，结合水和自由水比例增加，束缚水比例降低。72h 时，0～4℃和 4℃处理组中束缚水和自由水比例差异不显著，说明恒温冷藏能够降低水分的迁移速度，有利于冷却肉中水分的保持。以上结果表明，随着冷藏时间的增加和波动温度的升高，猪背最长肌的保水性降低。

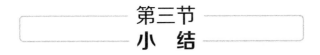

## 第三节
## 小 结

在 4℃冷藏 72h；0℃和 4℃各冷藏 2h，共 72h；4℃和 8℃各冷藏 2h，共 72h，背最长肌的品质变化显著，冷藏损失和蒸煮损失增加，剪切力降低；升高波动温度，pH、$b^*$值、冷藏损失和蒸煮损失显著增加，剪切力显著降低。在 4℃和 8℃各 2h 冷藏条件下，72h 时猪背最长肌的冷藏损失和蒸煮损失最大，$L^*$值和剪切力最小。随着冷藏时间延长和冷藏温度高温波动，猪背最长肌中水分与蛋白质等底物结合有利于松散，结合水和自由水比例升高，束缚水比例下降。综上所述，有效控制冷藏温度波动有利于保持猪背最长肌的品质。

### 参考文献

[1] 郭建凤，呼红梅，王继英，等.不同储存温度、时间对长白猪肌肉 pH 及失水率的影响 [J].西北农业学报，2009，18（1）：33-36.
[2] 袁先群，贺稚非，李洪军，等.不同贮藏温度托盘包装冷鲜猪肉的品质变化 [J].食品科学，2012，33（6）：264-268.

[3] 尹忠平，夏延斌，李智峰，等. 冷却猪肉 pH 值变化与肉汁渗出率的关系研究 [J]. 食品科学，2005，26（7）：38-40.

[4] 肖虹，谢晶. 不同贮藏温度下冷却肉品质变化的实验研究 [J]. 制冷学报，2009，30（3）：40-45.

[5] 李苗云，张秋会，高晓平，等. 冷却猪肉贮藏过程中腐败品质指标的关系研究 [J]. 食品与发酵工业，2008，34（7）：168-171.

[6] 顾海宁，李强，李文钊，等. 冷却猪肉贮存中的品质变化及货架期预测 [J]. 现代食品科技，2013（11）：2621-2626.

[7] 张楠，庄昕波，黄子信，等. 低场核磁共振技术研究猪肉冷却过程中水分迁移规律 [J]. 食品科学，2017，38（11）：103-109.

[8] 高文静. 冷却肉表面微生物的检测及预测预报 [D]. 郑州：河南农业大学，2007.

[9] Rybarczyk A，Karamucki T，Pietruszka A，et al. The effects of blast chilling on pork quality [J]. Meat Science，2015，101：78-82.

[10] 梁红，宋晓燕，刘宝林. 冷藏中温度波动对牛肉品质的影响 [J]. 食品与发酵科技，2015，51（6）：36-40.

[11] 王永林，赵建生. 高铁肌红蛋白还原酶活力与肉色稳定性关系的研究 [J]. 肉类研究，2010（3）：21-25.

[12] Maurice G，O'Sulliva F，Joseph P K. Resting of MAP（modified atmosphere packed）beef steaks prior to cooking and effects on consumer quality [J]. Meat Science，2015，101：13-18.

[13] 胡胜杰，朱东阳，王锐，等. 冷藏时间对冷却猪背最长肌品质的影响 [J]. 肉类研究，2018，32（03）：29-33 .

[14] 李兰会，张志胜，孙丰梅，等. 钙蛋白酶嫩化肉类机理 [J]. 生命的化学，2003，23（3）：212-214.

[15] 朱东阳，康壮丽，王春彦，等. 冷藏时间和温度对猪背最长肌品质的影响 [J]. 食品工业，2018，39（07）：85-88

[16] 张苹君，陈有亮. 钙激活蛋白酶在肉成熟中的作用机理 [J]. 肉类工业，2000（8）：31-36.

[17] Han M，Zhang Y，Fei Y，et al. Effect of microbial transglutaminase

on NMR relaxometry and microstructure of pork myofibrillar protein gel [J]. European Food Research and Technology, 2009, 228 (4): 665-670.

[18] Bertram H C, Wu Z, Van B F, et al. NMR relaxometry and differential scanning calorimetry during meat cooking [J]. Meat Science, 2006, 74 (4): 684-689.

[19] 黄子信，吴美丹，周光宏，等. 低场核磁共振测定鲜猪肉中水分分布的制样方法 [J]. 食品安全质量检测学报，2017，8 (6): 2006-2011.

# 第七章

# 冷藏时间对冷却猪肉糜凝胶特性的影响

由于冷却肉的水分没有形成冰晶，0~4℃冷藏过程中微生物和酶的活动仍在进行，所以易发生干耗、脂肪氧化和蛋白质分解等引起的表面发黏、发霉、变色等不良变化，严重制约着冷却肉的品质和凝胶性能。长期冷藏的冷却肉所表现出凝胶性能退化的问题一直困扰着各大肉制品企业。所以，在冷却肉肉糜制品生产过程中，如何严格把握冷藏时间，降低冷藏损失，保持冷却肉的凝胶特性，既是研究的重点也是实际生产中的难点[1]。

冷却肉中蛋白质的凝胶特性是影响肉糜类制品独特品质的重要因素。肉糜制品加热形成高度有序的网状凝胶结构可吸附大量水分，为风味物质以及水溶性营养成分提供基质，影响着肉制品的组织结构、风味及保水性、保油性[2]。目前对冷却肉的研究多集中在冷藏过程中肉自身品质（如脂肪、蛋白质氧化，风味改变，颜色退化等）的变化，对如何发挥冷却肉最好的凝胶性能未做出深入研究。Pomponio 等研究了冷却肉在2～4℃和－1℃左右保藏对脂肪和蛋白质氧化的影响，发现随着冷藏时间的延长，脂肪和蛋白质氧化加重，但低温能够降低脂肪和蛋白质氧化的速率[3]。腐胺、精胺和亚精胺的含量随着冷藏时间的延长而增加，造成色泽和风味变差[4,5]。在实际生产中，长时间冷藏容易造成冷却肉的积压，降低凝胶类肉制品的质构和保水保油性能。因此，本实验通过分析冷藏（4℃）不同时间冷却猪肉糜 pH、蒸煮得率、色泽、质构和流变特性等的变化，研究不同冷藏时间对冷却猪肉糜凝胶性能的影响，为实际生产提供理论依据。

## 第一节
## 材料与方法概论

## 一、材料

猪背最长肌（水分，73.12%；蛋白质，23.03%；脂肪，2.06%）来源于养殖 6 个月，质量为（100±5)kg 的长白猪，宰后 24h 的温度为 2～4℃，pH 为 5.77，由众品集团提供；食盐为食品级。

ShimadzuAUY120 电子天平　日本岛津公司；绞肉机　山东嘉信食品机械有限公司；StephanUMC-5C 斩拌机　德国；T25 高速匀浆器　德国 IKA 公司；HannapH 计意大利；HH-42 水浴锅　常州国华电器有限公司；CR-400 色差计　日本美能达公司；TA-XT.plus 质构仪　英国 Stable Micro-system 公

司；HAAKE MARS 旋转流变仪　德国 Thermo Scientific 公司；L-80-XP 高速离心机美国 Beckman 公司；干燥箱　上海博讯实业有限公司。

# 二、方法

## 1. 原料的预处理

将猪背最长肌去除可见结缔组织后切成 3cm×3cm×3cm 的肉块，使用托盘包装（避光、不透氧），每份 500g，储存于 4℃冰箱中。冷藏 1 天、3 天、5 天和 7 天后分别取样测定。

## 2. 猪肉糜的制备

制备猪肉糜的工艺流程如下：

猪肉（4℃冷藏）→绞碎→斩拌（低温）→离心（除气泡）→生肉糜（测定 pH 和流变性）→蒸煮（形成凝胶）→熟肉糜（测定色差、蒸煮得率和质构）。

将冷藏后的猪肉取出，使用绞肉机（6mm）绞碎后称取 400g，每份添加冰 100g 冰水和 10g NaCl。具体方法如下：将猪肉、NaCl 放入斩拌机，以 1500r/min 斩拌 30s，并缓慢加入 1/3 的冰水；1500r/min 斩拌 30s，并缓慢加入 1/3 的冰水；3000r/min 斩拌 60s，并缓慢加入剩余的冰水（中心温度低于10℃）。取 35g 斩拌好的肉糜装入 50mL 的离心管中，500r/min 离心 3min 完全除去肉糜中的气泡，然后 80℃水浴煮制 25min（中心温度 72℃），放入冰水混合物中冷却至中心温度 20℃左右，放入 0~4℃冰箱中过夜。

### 3. pH 测定

取 10g 蒸煮前的猪肉糜，放入 40mL 预冷的双蒸水中，使用匀浆器 15000r/min 匀浆 10s，采用经标准缓冲溶液校准过的 pH 计进行测定，每组测定 5 次。

### 4. 蒸煮得率测定

蒸煮后的猪肉糜过夜冷却后，从离心管中取出，用吸水纸将猪肉糜外部的渗出液吸取干净，分别对猪肉糜的质量进行测定，蒸煮得率按照以下公式计算：

蒸煮得率＝蒸煮后猪肉糜质量/蒸煮前猪肉糜质量×100％

每组样品测定 5 次。

### 5. 色差测定

使用色差计对蒸煮猪肉糜中心部位进行测定，标准白色比色板为 $L^* = 96.76$，$a^* = -0.15$，$b^* = 1.85$。其中，$L^*$ 代表亮度值，$a^*$ 代表红度值，$b^*$ 代表黄度值。每组样品测定 5 次。

### 6. 质构的测定

将蒸煮猪肉糜在室温环境中回温 2h（保持内外温度一致）后将猪肉糜切成表面平整的圆柱形肉柱（直径 2cm、高 2cm），使用 P/36R 探头进行质构测定，参数如下：测试前速度为 2.0mm/s，测试速度为 2.0mm/s，测试后速度为 2.0mm/s；压缩比 50％；时间 5s，得到猪肉糜的硬度值、弹性、内聚性、咀嚼性。每组样品测定 5 次。

### 7. 流变性的测定

将生猪肉糜均匀地涂抹于测量平台上，选用 35mm 不锈钢圆形平板探头进行流变性测定。参数如下：频率 0.1Hz，间隙 0.1mm，先 20℃保温 10min，升温区间 20～90℃，加热速率 2℃/min，得到储能模量（$G'$）的变化。每组样品测定 5 次。

### 8. 统计分析

本实验重复 5 次。应用软件 SPSS v.18.0（SPSS Inc.，USA）进行统计分析，使用单因素方差分析（ANOVA）的方法对数据进行分析，当 $p < 0.05$ 时认为组间存在显著差异。

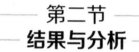

第二节
## 结果与分析

## 一、猪肉糜 pH 的变化分析

由图 7-1 可得到冷藏第 1 天猪肉糜的 pH 为 5.81，第 3 天 pH 略微升高到 5.96，该变化可能与猪肉在真空包装条件下的解僵排酸延迟有关[6]。冷藏到第 5 天时 pH 下降至 5.71，这是因为肌肉中的肌糖原充分酵解产生乳酸，ATP 分解产生磷酸，且微生物的生长繁殖也会产生酸性物质，这些酸性物质导致冷却猪肉糜 pH 的降低[7]。冷藏第 7 天的肉糜 pH 回升至 5.92，主要由于肉中蛋白酶及微生物分解酶等的作用，使得部分蛋白质被分解，产生了多肽和氨基酸，生成了氨及胺类等碱性含氮物质，致使冷却猪肉糜的 pH 有所回升[8]。

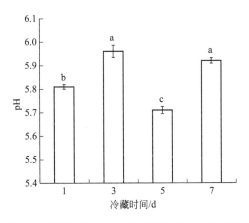

图 7-1　不同冷藏时间对冷却猪肉糜 pH 的影响

## 二、肉糜的蒸煮得率分析

由图 7-2 可得到，冷藏 3 天的猪肉糜蒸煮得率最高（86.28%），冷藏 5 天和 7 天后降至 78.46%。因为肌肉在冷藏过程中细胞仍会发生代谢活动产生能耗，在细胞内酶和部分微生物的作用下，发生脂肪氧化和蛋白质水解，肌肉的组织结构遭到破坏，造成水分流失和持水力下降，导致肉糜的蒸煮得率降低和保水性下降[9]。有研究表明：冷藏期间冷却肉蒸煮得率的改变与 pH 的变化相关，当 pH 降低时，蛋白质负电荷被中和，降低分子间电荷斥力，蛋白质网络收缩，内部多余水分被挤出，致使蒸煮得率降低；当 pH 升高时，负电荷增加，分子间电荷斥力也随之增加，蛋白质网络恢复松散状态，空间结构增大，容纳更多水分，蒸煮得率增加，保水性提高[10]。

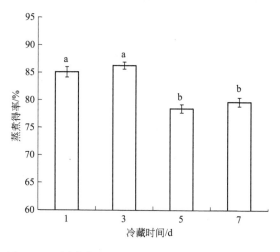

图 7-2　不同冷藏时间对冷却猪肉糜蒸煮得率的影响

## 三、肉糜色泽的变化分析

如表 7-1 所示，随着冷藏时间的延长，$L^*$ 值在第 5 天显著下降（$p < 0.05$），至第 7 天时差异不显著（$p > 0.05$），$a^*$ 值先升高后降低，然后又小幅上升，$b^*$ 值差异不显著（$p > 0.05$）。猪肉在冷藏初期，肌肉水分含量较高，蛋白质还未变性或者变性程度低，组织结构较完整，保水性较好，而随着冷藏时间的增加，蛋白质开始变性，破坏组织结构，形成的猪肉糜凝胶保水性降低，$L^*$ 值降低，这与蒸煮得率的结果一致。肌红蛋白与氧气结合生成氧合肌红蛋白，氧合肌红蛋白为鲜红色，延长冷藏时间，pH 升高抑制了氧合肌红蛋白生成，暗褐色的高铁肌红蛋白生成速率增大，影响猪肉糜凝胶的 $a^*$ 值。

表 7-1　不同冷藏时间对冷却猪肉糜色泽的影响

| 冷藏时间/d | $L^*$ 值 | $a^*$ 值 | $b^*$ 值 |
|---|---|---|---|
| 1 | $80.41 \pm 0.48^a$ | $3.72 \pm 0.21^b$ | $10.23 \pm 0.27^a$ |
| 3 | $81.22 \pm 0.50^a$ | $4.58 \pm 0.22^a$ | $10.14 \pm 0.19^a$ |
| 5 | $79.68 \pm 0.52^b$ | $3.37 \pm 0.08^d$ | $10.33 \pm 0.17^a$ |
| 7 | $79.53 \pm 0.49^b$ | $3.55 \pm 0.06^c$ | $10.10 \pm 0.24^a$ |

注：a～d 不同字母表示存在显著差异（$p<0.05$）。每组数据包含平均值±标准差，$n=5$。

# 四、肉糜质构变化分析

表 7-2　不同冷藏时间对冷却猪肉糜质构的影响

| 冷藏时间/d | 硬度/N | 弹性/mm | 内聚性/% | 咀嚼性/(N·mJ) |
|---|---|---|---|---|
| 1 | $72.07 \pm 3.84^a$ | $0.869 \pm 0.015^a$ | $0.552 \pm 0.018^a$ | $36.17 \pm 1.32^a$ |
| 3 | $69.48 \pm 2.30^{ab}$ | $0.852 \pm 0.013^{ab}$ | $0.522 \pm 0.019^{ab}$ | $33.09 \pm 1.29^{ab}$ |
| 5 | $64.24 \pm 2.80^{bc}$ | $0.824 \pm 0.017^{bc}$ | $0.505 \pm 0.018^{bc}$ | $28.74 \pm 1.65^{bc}$ |
| 7 | $64.55 \pm 5.38^{bc}$ | $0.829 \pm 0.016^{bc}$ | $0.509 \pm 0.024^{bc}$ | $29.15 \pm 1.58^{bc}$ |

注：a～c 不同字母表示纵列存在显著差异（$p<0.05$）。每组数据包含平均值±标准差，$n=5$。

由表 7-2 可知，冷藏时间对冷却猪肉糜的硬度、弹性、内聚性和咀嚼性影响显著。随着冷藏时间的增加，硬度、弹性、内聚性和咀嚼性显著下降，但冷藏第 5 天后差异不显著。冷藏第 1～3 天时，由于微生物和酶的分解作用，肌肉组织变得松散，导致硬度、弹性、内聚性和咀嚼性降低；冷藏第 3～5 天时，由于 pH 降低，造成猪肉糜质构下降；随着冷藏时间的延长（5～7 天），水分过度流失，肌肉纤维开始紧缩，影响肌原纤维蛋白的溶解和溶出量，造成凝胶结构劣变[11,12]。

## 五、肉糜的流变特性分析

在猪肉糜的热动态流变性测定中，$G'$ 值的大小能够反映猪肉糜凝胶强度及硬度的大小，$G'$ 值越大，表明形成的凝胶硬度越大，凝胶结构越好[13]。由图 7-3 可知，4℃冷藏 1 天、3 天、5 天和 7 天的猪肉糜 $G'$ 值的流变曲线变化趋势相似，且都呈现出三个阶段。在 20～53℃时 $G'$ 值基本保持平稳，因为加热初始蛋白质分子之间刚开始交联，形成的凝胶结构相对较弱，$G'$ 值变化不明显；随着温度升高，肌球蛋白尾部发生变性，破坏已形成的凝胶网络结构，$G'$ 在 54～58℃ 之间缓慢下降；58℃以后，$G'$ 值快速增加，一直到 80℃，在此阶段，由于蛋白质的聚集和凝胶的形成，半溶胶受热转变为弹性胶体，

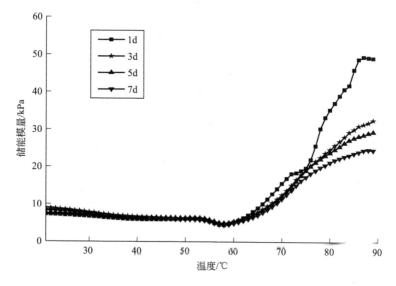

图 7-3　不同冷藏时间对冷却猪肉糜储能模量的影响

表明猪肉糜从一个具有黏弹性的溶胶状态向弹性的凝胶网络结构转变[14]。在 72℃ 时，1 和 3 天的 $G'$ 值差异不显著（$p >$ 0.05），72～90℃，1 天的 $G'$ 值最大，第 7 天的 $G'$ 值最小，这与质构的结果一致。

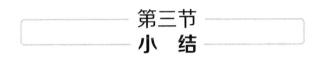

## 第三节
## 小　结

随着冷藏时间的延长，冷却猪肉糜的 pH、色泽、蒸煮得率、质构和流变性差异显著。冷藏 1 天和 3 天时，猪肉糜的 $L^*$ 值和蒸煮得率的差异不显著，硬度、弹性、内聚性和咀嚼性在冷藏 1 天时最好，5 天和 7 天下降较快。综上所述，冷却肉在进行肉糜凝胶制品加工时应减少冷藏时间，在冷藏 3 天后凝胶性能大幅下降。

### 参考文献

[1]　夏兰，蒋其斌，陈燕飞，等.冷却肉的研究进展 [J].食品科技，2009，34（3）：136-139.

[2]　Zhang Y，Wu J，Jamali M A，et al. Heat-induced gel properties of por-cine myosin in a sodium chloride solution containing L-lysine and L-his-tidine [J]. LWT-Food Science and Technology，2017，85：16-21.

[3]　Pomponio L，Ruiz-Carrascal J. Oxidative deterioration of pork during superchilling storage [J]. Journal of the Science of Food and Agriculture，2017，97（15）：5211-5215.

[4]　Ngapo T M，Vachon L. Biogenic amine concentrations and evolution in "chilled" Canadian pork for the Japanese market [J]. Food Chemistry，

2017，233：500-506.

[5] Gorska-Horczyczak E，Wojtasik-Kalinowska I，Guzek D，et al. Differentiation of chill-stored and frozen pork necks using electronic nose with ultra-fast gas chromatography [J]. Journal of Food Process Engineering，2017，40（5）：1-8.

[6] 张强，孙玉军，蒋圣娟，等. 洋葱、生姜、大蒜提取物对冷却肉保鲜效果的研究 [J]. 食品工业科技，2015，4：310-314.

[7] 杨文婷，柏霜，罗瑞明，等. 排酸方式对成熟过程中滩羊肉品质和水分变化的影响 [J]. 食品工业科技，2017，19：40-44.

[8] Zhang Ruiyu，Zhou Wenbin. Quality comparison of different meat & the mechanism of forming for chilled meat quality [J]. Journal of Yuzhou University，2001，18（4）：16-20.

[9] Roth B，Slinde E，Arildsen J. Pre or post mortem muscle activity in Atlantic salmon（*Salmo salar*）：The effect on rigor mortis and the physical properties of flesh [J]. Aquaculture，2006，257：504-510.

[10] Lund M N，Hviid M S，Skibsted L H. The combined effect of antioxidants and modified atmosphere packaging on protein and lipid oxidation in beef patties during chill storage [J]. Meat Science，2007，76：226-233.

[11] Rodríguez -Carpena J G，Morcuende D，Estévez M. Avocado by-products as inhibitors of color deterioration and lipid and protein oxidation in raw porcine patties subjected to chilled storage [J]. Meat Science，2011，89：166-173

[12] 孙啸，张大成，季方芳，等. 短期贮藏中肉质的变化 [J]. 食品科学，2017，09：213-219.

[13] 栗俊广，李增，蒋爱民，等. 蒜粉添加量对猪肉盐溶蛋白凝胶特性的影响 [J]. 食品科学，2013，17：15-18.

[14] Alvarez D，Xiong Y L，Castillo M，et al. Textural and viscoelastic properties of pork frankfurters containing canola-olive oils，rice bran，and walnut. [J]. Meat Science，2012，92（1）：8-15.